Bibliographic information published by the German National Library:

The German National Library lists this publication in the National Bibliography; detailed bibliographic data are available on the Internet at http://dnb.dnb.de .

Imprint:

Print and binding: Books on Demand GmbH, Norderstedt Germany
ISBN: 9783668849921

This book at GRIN:

https://www.grin.com/document/448449

Gilles-Marie Gislain Soumaho

Effets des transferts de fonds des migrants sur la croissance économique des pays de l'UEMOA

GRIN Verlag

République du Bénin

Ministère de l'Enseignement Supérieur et de la Recherche Scientifique

Université d'Abomey-Calavi(UAC)

Faculté des Sciences Économiques et de Gestion (FASEG)

Domaine : Sciences sociales
Mention : Économie
Spécialité : Statistique et économétrie

Mémoire de fin de formation du cycle II

pour l'obtention du grade de

Master Professionnel en Statistique et Économétrie

Thème

Effets des transferts de fonds des migrants sur la croissance économique des pays de l'UEMOA

Réalisé et Soutenu par

SOUMAHO Gilles-Marie Gislain

Deuxième Promotion

Résumé

Dans ce mémoire, nous avons évalué l'impact des transferts de fonds issus de la migration sur la croissance économique à partir d'un panel des pays de l'Union Economique et Monétaire Ouest-Africaine (UEMOA), et le rôle de la main d'œuvre étrangère dans la croissance des pays de l'UEMOA, sur la période 2000-2015. Nous avons utilisés un modèle à effets fixes, en utilisant l'estimateur des Moindres Carrés Ordinaires. Nos résultats montrent d'une part que les transferts de fonds ont un impact significatif positif sur la croissance économique. Toutefois, cet impact est moindre, soit une augmentation de 1,8% du niveau de croissance lorsque les transferts de fonds augmentent de 10%. D'autre part, la part de travailleurs étrangers dans la population active impacte négativement la croissance économique des pays concernés. Au vue de ces résultats nous suggérons, dans le but d'améliorer l'impact des transferts, que ces fonds soient investis dans des secteurs productifs. En effet le faible niveau de croissance induit est peut-être dû au fait que les transferts de fonds sont consacrés majoritairement à la consommation exclusive. Les transferts de fonds peuvent continuer de croître, sans investissement dans les secteurs productifs, ils ne pourront pas avoir un impact signifiant sur la croissance économique

Mots clés : migrations, transferts de fonds, croissance économique, UEMOA.

Abstract

In this thesis, we have assessed the impact of remittances from migration on the economic growth based on a panel of West African Economic and Monetary Union (WAEMU) countries, and the utility of foreign workers in the economic growth of WAEMU countries, on the 2000-2015 period. We've used a fixed effects model, using Ordinary Least Square estimator. Our results show on one hand that remittances have a significant positive impact on the economic growth. However, this impact is quite low, as 10% increase in remittances leads to a 1.8% increase in the economic growth level. On the other hand, the share of foreign workers in the work force impact negatively the economic growth of the concerned countries. Taking into account our results, we suggest that remittances have to be invested in productive sectors, in order to improve their impact. Indeed the low economic growth level induced is maybe due to the fact that remittances are much more oriented toward consumption. Remittances could continue to increase, without investment in productive sector, they cannot have a meaningful impact on economic growth.

Keywords :migrations, remittances, economic growth, WAEMU.

Table des matières

Table des figures

Liste des tableaux

Sigles

BM	Banque Mondiale
CEMAC	Communauté Économique et Monétaire de l'Afrique Centrale
CIPD	Conférence Internationale sur la Population et le Développement
FBC	Formation Brute de Capital
FE	Fixed Effect
FMI	Fond Monétaire International
FNUAP	Fond des Nations Unies pour la Population
GDP	Gross Domestic Product
IMF	International Migration Fund
PIB	Produit Intérieur Brute
RE	Random Effect
RESET	Ramsey's REgression Specification Error Test
TFM	Transferts Fiancier des Migrants
UEMOA	Union Économique et Monétaire Ouest Africaine
WDI	World Development Indicator

Dédicace

A ma tendre et bien-aimée.

Remerciements

Pour toute la durée de ce cycle qui s'achève, nos remerciements vont :

- au Professeur Charlemagne IGUE, Doyen de la Faculté, pour l'encadrement,
- au Docteur Hilaire HOUENINVO, pour le suivi et l'évaluation du travail,
- aux Docteurs Gilles SOSSOU, Alain BABATOUNDE, Michel AHOHOUNKPANZON pour leurs critiques très constructives,
- au Docteur Barthelemy SENOU, pour sa participation,
- aux collègues et amis de la salle G3, pour l'atmosphère conviviale tout au long du cursus qui s'achève.

Introduction générale

La tradition classique et néoclassique n'a pas donné une attention particulière au capital humain comme source de croissance économique. Dans les années 1980, les travaux séminaux de Romer (1986) et Lucas (1988) ont révolutionné la théorie néoclassique[1] de croissance économique en présentant des modèles de croissance endogène. Ces nouvelles théories néoclassiques mettent l'accent non pas sur les sources directes de croissance économique, mais sur les mécanismes et incitations liés à la dynamique réelle de croissance. Une des caractéristiques les plus distinctives des "nouvelles" théories de croissance a été l'importance croissante attribuée au capital humain, à la connaissance productive et à l'interaction entre ces deux facteurs (Lucas, 1988; Mankiw, 1995).

En terme de réglementations, ces auteurs ont donné au capital humain et à l'accumulation des connaissances une grande priorité. En effet, la stratégie décrite au sommet de Niamey (2005), visant à faire de l'Union Économique et Monétaire Ouest Africaine (UEMOA), la plus compétitive et dynamique économie d'Afrique, a mis l'investissement dans le capital humain au premier rang de ses politiques dans le but de promouvoir la croissance économique et la cohésion sociale. L'intérêt porté au concept de capital humain réside dans le fait qu'il représente pour la plupart des pays de l'UEMOA la seule ressource étant donné qu'ils ne disposent pas de ressources naturelles, ni d'autres matières premières pouvant favoriser leur développement. Mais malheureusement il n'existe pas beaucoup d'opportunités pour les travailleurs qualifiés et suite à cela, beaucoup d'entre eux préfèrent se déplacer vers d'autres pays (tantôt au sein de l'union, tantôt en dehors) dans le but d'améliorer leurs conditions de vie et celles de leurs proches. C'est ce déplacement de la main d'œuvre qui est en général associé au terme de "migration internationale", et les envois de fonds réalisés par les migrants sont les transferts de fonds qui représentent le point important de notre étude.

L'intérêt suscité par le thème des transferts et du développement économique n'est pas

1. Nous développerons cette théorie en détail dans la revue de littérature.

nouveau. Déjà en 1994, la Conférence Internationale sur la Population et le Développement (CIPD) concluait qu'il valait mieux maîtriser les migrations internationales afin d'en optimiser les bénéfices et d'en réduire les inconvénients[2]. Porter cette recherche à terme nous permettra de savoir dans un premier temps si les transferts participent à l'amélioration du niveau de croissance et dans un second temps, pouvoir optimiser les bénéfices qui en découlent.

Face au flux croissant des migrations au sein de la sous région : 4,6 millions en moyenne entre 2000 et 2010 annuellement contre 2 million par année entre 1990 et 2000 (International Migration Report, 2013), il s'impose de savoir si ce phénomène est avantageux ou non pour les économies de l'UEMOA. Le thème des migrations est au cœur du débat politique tant dans les pays d'accueil que dans les pays d'origine des migrants. Les experts du FNUAP justifient que si elle est soigneusement gérée, la migration peut profiter au développement de tous les pays impliqués (Rùa, 2010).

Un autre avantage de la migration internationale est le capital humain et social des travailleurs migrants. En effet, un transfert de compétences se réalise et cela peut rendre les pays concernés plus productifs. Mais le départ sans retour de travailleurs qualifiés constitue un véritable facteur de récession pour les pays d'origine. Cependant les migrants pour la plupart rapatrient les revenus issus de leur travail, obtenus dans le pays de destination, dans leur pays d'origine : ce sont les transferts de fonds.

Les transferts de fonds des migrants sont les envois de biens ou d'actifs financiers effectués par les migrants qui vivent et travaillent dans une autre économie, en faveur des résidents de leur ancien pays de résidence (FMI, 2010). Ces fonds couvrent les transferts personnels, la rémunération des salariés et les transferts de capital entre les ménages. De plus, ils constituent des sources supplémentaires de financement du développement économique et aident ainsi, à dépasser les contraintes de liquidité[3] dans les pays les moins avancés.

Les estimations de la Banque mondiale révèlent que le flux officiel lors de la récente crise financière mondiale s'élève à 325 milliards de dollars, fin 2010 contre 307 milliards de dollars en 2009 (Migration et transferts de fonds, Factbook 2011). Les pays de l'UEMOA comme les autres pays africains sont concernés par cette situation. L'idée selon laquelle les transferts de migrants auraient une influence positive sur la croissance ne fait pas l'unanimité. C'est d'ailleurs ce que nous tentons de découvrir à travers ce travail : ces

2. Pour plus de détails sur la conférence, le lecteur peut consulter : https://www.unfpa.org/sites/default/files/event-pdf/icpd_fre.pdf

3. Quantité de monnaie disponible.

transferts de fonds permettent t-ils d'améliorer le niveau de PIB par tête ? L'intérêt de résoudre la question est qu'il permettra de prendre des mesures dans ce secteur afin d'en faire un pan de développement pour l'amélioration du niveau de vie. Il est possible que l'entrée des flux de transferts entraîne une appréciation du taux de change dans la mesure où elle constitue une source d'augmentation des devises à long terme, et réduit la compétitivité des produits exportés : on parle du syndrome du néerlandais [4] L'une des recherches les plus remarquables montrant l'influence négative des transferts est celle de Chami et al. (2003) qui ont travaillé sur des données de panel composées de pays développés et de pays en voie de développement couvrant la période 1970 à 1998. Cela révèle que les envois de fonds créent un risque d'aléa moral [5], car ils contribuent à réduire l'effort de travail des familles des bénéficiaires, désavantageant ainsi la croissance [6]. En effet, les bénéficiaires au lieu de mettre leur travail au service d'un employeur préfèrent attendre les transferts de fonds d'un proche parent, ce qui fait qu'il n'y a pas vraiment l'effet positif attendu des transferts (Chami et al, 2003).

L'objectif général de cette étude est d'évaluer l'influence des transferts de fonds des Migrants sur la croissance économique [7] des pays de l'UEMOA. Spécifiquement, nous voulons :

— évaluer le lien entre la croissance économique et les transferts de fonds des migrants.
— analyser l'importance de la main-d'œuvre immigrée dans les pays de l'UEMOA.

Pour atteindre les différents objectifs, les hypothèses suivantes sont émises :

— Les transferts de fonds des migrants ont un impact positif sur la croissance économique.

4. Le terme a été introduit par "The Economist" pour expliquer la stagnation de l'activité aux Pays-Bas durant les années soixante-dix comme le résultat de la découverte d'un large gisement de gaz naturel. L'exploitation de ressources naturelles génère habituellement de larges profits qui vont conduire au développement de l'activité minière au détriment des autres secteurs de l'économie. L'accroissement du revenu national et de la demande entraînent des pressions inflationnistes, tandis que l'afflux de capitaux se traduit par un excédent commercial et s'accompagne d'une appréciation du taux de change réel (Arezki *et al.*, 2012).

5. La notion d'aléa moral a été introduite au XVIIe siècle par l'économiste écossais Adam Smith (1723-1790) qui est considéré comme le père de l'économie politique. Selon lui, l'aléa moral apparaît lorsque la recherche de l'intérêt individuel est si forte qu'elle méconnaît l'impact négatif d'une décision sur « l'utilité collective ».
En assurance, l'aléa moral revient à dire qu'un assuré peut augmenter sa prise de risque dès qu'une police le met à l'abri des conséquences négatives d'un sinistre. En d'autres termes, les efforts d'un assuré pour éviter un risque sont proportionnels au niveau d'indemnisation qu'il peut espérer.

6. Exemple : une motocycliste n'achetant qu'un antivol de pacotille au motif qu'il sera remboursé si son deux-roues disparaît fait jouer l'aléa moral.

7. Mesurée en logarithme du PIB.

— La part de la population active d'immigrés dans la population active totale est un facteur d'amélioration du niveau de croissance.

Le présent mémoire est structuré en trois chapitres. Le chapitre 1 est consacré à la revue de littérature. Ce chapitre fait le point de la théorie économique relative aux transferts de fonds et à la croissance économique d'une part et d'autre part présente quelques études menées sur l'impact que peut avoir les transferts de fonds sur le croissance économique. Ensuite, le chapitre 2 présente la méthodologie qui met en évidence le modèle retenu ainsi que les différentes variables qui y interviennent. Par ailleurs, le modèle fera l'objet d'une discussion théorique afin de comprendre les fondements de notre choix. Le chapitre 3 est réservé à la présentation et à la discussion des résultats d'analyse. Les conclusions et recommandations seront exposées dans la dernière partie.

Chapitre 1

Revue de littérature

Nous organiserons ce chapitre en trois parties : D'abord nous exposerons les raisons qui poussent les gens à migrer, ensuite le lien théorique entre transferts de fonds issus de ce déplacement et la croissance économique puis enfin nous présenterons quelques travaux empiriques.

1.1 Les différentes causes de la migration

Les théories de la migration se sont considérablement développées par les défenseurs de l'économie libérale depuis les années 1960. Les libéraux avec leurs idéologies analysent le fait que les déplacements des ressources humaines qualifiées sont un fait normal, des pays sous-développés vers les pays développés, comme un phénomène normal dans un marché international libéral. Pour Lee (1966), dans le modèle «push-pull» [1], la migration s'explique par une décision individuelle qui consiste à quitter son lieu de résidence dans l'espoir d'améliorer son niveau de vie, surtout d'avoir des revenus meilleurs. Ce modèle laisse à comprendre que la plupart des personnes migrent à la recherche de meilleures conditions de vie (meilleur travail, salaires plus élevés, sécurité ou liberté). Ainsi, selon les tenants d'une économie libérale, la décision de migrer est ancrée dans les compétences mesurées par l'éducation et l'expérience de travail. Cette idée de mobilité des ressources humaines s'inscrit dans la nouvelle théorie de la modernisation stipulant entre autres que le sous-développement est le résultat de l'absence des caractéristiques « modernes» que l'on trouve dans les pays développés, particulièrement de la volonté d'échapper au monde rural. Dans ce modèle, la mobilité est perçue comme pensée positive nécessaire pour

1. Traduit en français par :"poussée-traction."

permettre à la main-d'œuvre de se déplacer là où elle est admissible pour la productivité optimale et le développement.

Ravenstein (1976) suppose que la migration est étroitement connectée avec des facteurs "de traction et de poussée". Tant les facteurs de poussée tels que des salaires bas, le taux de chômage élevé, le manque de services médicaux, que les facteurs de traction comme : de hauts niveaux de salaires, le chômage bas incitent les gens à quitter leurs pays de résidence. Autrement dit, la cause principale de migration est la recherche d'opportunités économiques meilleures. Jones et al (1992) ont suivi la conviction de Ravenstein d'une nouvelle ère dans l'histoire de l'immigration et ont commencé à traiter la question de comment les gens sont venus aux États-Unis et comment cela a t-il influencé la population et la société aux États-Unis.

Les plus importantes des théories actuelles expliquant pourquoi la migration internationale a commencé sont : la théorie économique néoclassique, la théorie de la migration de la nouvelle économie, la théorie du marché du travail segmentée (ou double), la théorie historique-structurelle et la théorie du système mondial. La théorie du capital social est un modèle théorique expliquant la perpétuation du mouvement international.

La théorie néoclassique[2] intervient sur le sujet en mettant en lumière deux approches : l'approche macroéconomique et celle microéconomique.

La théorie macro-économique est probablement l'approche la mieux connue présentant les sources de migration internationale. Elle a résulté du modèle théorique expliquant la migration interne de la main-d'œuvre face au développement économique (John et Todaro, 2005). Selon les explications de cette théorie, les causes principales de migration de la main-d'œuvre sont les différences de salaires qui existent entre un pays d'origine et un pays de destination. Autrement dit, l'élimination de différentiels de salaire mettra fin à la migration internationale des travailleurs et les migrants ne migreront pas si de tels différentiels n'existent pas. Aussi, la migration internationale de la main-d'œuvre est influencée par des mécanismes de marché du travail. Cela signifie que d'autres types de marchés (le marché d'assurance, le marché des capitaux) n'ont pas d'effet important sur les flux internationaux de travailleurs. Enfin, la migration internationale de la main-d'œuvre peut être contrôlée par le gouvernement par des marchés du travail régulateurs tant dans les pays d'origine

2. Nous n'entendons pas citer d'auteurs puisqu'il s'agit d'une école de pensée. Toutefois, nous recommandons au lecteur de parcourir les différentes sources citées pour plus de précisions.

que dans les pays de destination (Massey et Maria, 2005).

La théorie micro-économique a surgi en réponse à celle macro-économique. Les assertions suivantes sont caractéristiques du modèle théorique mentionné ci-dessus. D'abord, des individus raisonnables migrent parce qu'ayant calculé les coûts et les bénéfices ils arrivent à la conclusion qu'ils reçoivent un revenu net positif de leur mouvement. Autrement dit les migrants évaluent les coûts et bénéfices de leur déplacement et migrent vers ces pays où les retours nets attendus sont plus grands que ceux de leur pays d'origine (Borjas, 1999). Ensuite les migrants évaluent les revenus nets à venir en prenant les bénéfices observés et en les multipliant par la probabilité d'obtenir un travail dans le pays de destination pour obtenir les "gains attendus de destination". Pour finir, les lois qui affectent les bénéfices attendus dans les pays d'origine et dans les pays de destination peuvent influencer la taille du flux migratoire (Massey et Maria, 2005).

Il ressort des deux approches que la décision de migrer provient du différentiel de salaire entre le pays d'origine et le pays de destination. C'est cette façon de voir les choses qui amènera les théories de la nouvelle économie de la Migration que nous présenterons dans la suite.

Par ailleurs, Ehrenberg et Smith (1997) s'inscrivent dans la même idéologie que les néo-classiques selon que la migration est généralement le déplacement plus élevée des plus jeunes et des plus éduqués, comme le suggère la théorie du capital humain. Selon ces auteurs, la mobilité de la main-d'œuvre touche plus les migrants ayant la tranche d'âge maximum entre 20 et 24 ans. Ceci découle de l'hypothèse que plus grande est la période du bénéfice lié à l'investissement en capital humain, plus grande serait la valeur actuelle de ce bénéfice. Ainsi, la théorie du capital humain retrouve son vrai sens lié à la notion de productivité optimale. Selon Mathias et De Haas (2013); Samir (1975), postuler que des personnes migrent à la recherche de meilleures conditions de vie (meilleur travail, salaires plus élevés, sécurité ou liberté) est une tautologie. Pour eux, la grande faiblesse du modèle «push-pull» est de ne pas expliciter les facteurs à l'origine des inégalités en particulier en tenant compte des processus en œuvre dans les sociétés de départ puisque les décisions s'inscrivent dans un contexte reflété par les structures sociales, économiques et politiques.

La Nouvelle Économie de la Migration est un modèle théorique qui a surgi pour confronter plusieurs assertions et conclusions de la théorie néoclassique (Stark et Bloom, 1984). En effet les nouveaux économistes de la migration reprochent à la théorie néoclassique son approche microéconomique pour expliquer le phénomène migratoire. Selon ces derniers, les familles, les ménages et d'autres unités de production et de consommation culturellement définies sont ceux qui comptent lorsque nous voulons analyser le phénomène migratoire (pas les individus). De même, un différentiel de salaire n'est pas une condition nécessaire dans le fait de prendre la décision de migrer vers un autre pays. Aussi, la migration internationale ne s'arrête pas nécessairement quand les différences de salaires disparaissent. Le phénomène de migration existera si d'autres marchés dans le pays d'origine comme : le marché d'assurance, le marché des capitaux, le marché de crédit du consommateur, etc. sont absents ou imparfaits. La dernière assertion de la nouvelle économie de la migration est que les gouvernements peuvent changer la taille du flux de migration à travers des marchés du travail régulateurs et, dans le cas où ils n'existent pas ou sont imparfaits, faire recours aux marchés ci-dessus mentionnés. L'idée des marchés et notamment le marché du travail est reprise plus tard dans ce que nous appelons la théorie du marché du travail double.

La Théorie du marché du travail double (Segmenté) montre l'importance de facteurs institutionnels de même que la race et le genre dans la survenue de la segmentation du marché du travail. Selon les conclusions de Piore (1979), la cause principale de migration internationale est une demande structurelle dans des économies avancées autant pour les travailleurs hautement qualifiés que ceux moins qualifiés. La migration ipso-facto n'est pas causée par des facteurs de poussée dans le pays d'origine, mais plutôt par des facteurs de traction dans le pays de destination. Selon les théoriciens du marché du travail double, la migration internationale de la main-d'œuvre est en grande partie basée sur la demande et a pris ses débuts du fait du recrutement par les employeurs dans les sociétés développées ou par des gouvernements agissant en leurs noms. Aussi, du fait que la demande pour les travailleurs d'autres pays est structurellement construite sur les besoins de l'économie et est exprimée par le recrutement plutôt que des offres de salaire, les différences de salaires internationaux ne sont ni une condition nécessaire, ni une condition suffisante pour que survienne et existe la migration des travailleurs. Contrairement aux autres théories, Les gouvernements peuvent influencer la migration internationale, mais seulement par des changements majeurs dans l'organisation économique (Stephen et Mark, 2009).

D'autres modèles alternatifs d'explication du phénomène de migration internationale sont appelés la Théorie Historique-Structurelle (THS) et la Théorie de Système Mondial (TSM) respectivement. Des théoriciens structurels d'histoire prétendent que la migration internationale est causée par la distribution inégale du pouvoir politique et économique dans l'économie mondiale (Stephen et Mark, 2009). La théorie de système mondial quant à elle soutient que l'entrée de relations économiques capitalistes dans des sociétés non-capitalistes ou pré-capitalistes crée une population mobile qui peut facilement prendre la décision de migrer (Douglas, 2009).

La dernière théorie à présenter est appelée la Théorie du Capital Social (TCS). La TCS est un modèle théorique expliquant la migration internationale par la présentation d'un concept de réseaux d'immigrés. Selon cette approche, la migration internationale s'étend jusqu'à ce que le réseau soit assez large pour que tous les gens qui souhaitent migrer vers ce pays puissent le faire sans aucune difficulté, les corrélations entre les différentiels de salaire ou les taux d'emploi et les flux de migration existent à peine. De plus, contrôler la migration à la lumière de cette approche est très difficile du fait que le réseau de migrants est créé à l'extérieur du pays et opère sans tenir compte des politiques poursuivies (Stephen et Mark, 2009).

Mesnard (2004), nous montre sous les hypothèses d'indivisibilités et d'imperfections sur le marché du capital que les transferts intergénérationnels favorisent un impact positif de l'émigration temporaire et de l'accumulation du capital sur la prospérité des pays d'origine. Une étude de la Banque Mondiale publiée en 2006, fait ressortir à partir d'un modèle à équilibre général, que les gains en bien-être associés aux transferts monétaires augmentent avec la part de salaire gagnée dans les pays développés et qui est dépensée dans les pays sous-développés. Barajas et al (2009), dans la perspective d'étudier les canaux de transmission des Transferts Financiers des Migrants (TFM) sur la croissance économique, trouvent qu'il existe trois grands types de canaux de transmission : effet positif sur investissement productif, augmentation de la force du travail et effet de la productivité totale des facteurs de production. Dans la section suivante nous présentons la relation entre transferts de fonds et croissance économique en nous basant sur la théorie existante.

1.2 Causes et impact des transferts de fonds

1.2.1 Approche microéconomique

La littérature[3] sur les motifs (causes) de transferts de fonds peut être résumée en quatre approches :

Le motif altruiste

Selon le modèle altruiste, le migrant envoie des fonds chez lui parce qu'il se soucie du bien-être de sa famille dans le pays d'origine, et les transferts entraînent la satisfaction de l'émigrant en ce qui concerne le bien-être de ses proches. De plus, c'est une régularité empirique que le migrant a généralement un niveau d'éducation plus élevé que les membres de la famille qui restent à la maison. Quand un migrant va dans un pays où le salaire moyen et le revenu par habitant sont plus élevés qu'à la maison, son niveau de revenu, une fois qu'il obtient un emploi, peut être meilleur que celui des travailleurs à la maison. La principale prédiction du modèle altruiste est que les envois de fonds tendent à diminuer avec le temps, comme l'attachement à la famille s'affaiblit progressivement lorsque les membres restent dans différents pays pour de longues périodes. De plus, le migrant peut prévoir de rester à l'étranger pour une période prolongée (ou éventuellement s'y installé), par conséquent amener sa famille dans son pays d'adoption. Ceci, bien sûr, réduit les envois de fonds.

Le motif de l'intérêt personnel

Contrairement à la motivation altruiste, l'émigrant envoie des fonds dans son pays d'origine principalement pour des raisons économiques et financières personnelles. Dans ce scénario, l'émigrant économise de l'argent dans un pays étranger, ce qui crée le besoin de savoir comment accumuler de la richesse (dans quels actifs) et où (dans quel pays). Un lieu évident pour investir au moins une partie des actifs est le pays d'origine, en achetant des biens, des terres, des actifs financiers, etc., où ces actifs peuvent générer un taux de rendement plus élevé que dans le pays d'accueil, mais avec un plus grand profil de risque. De plus, ces actifs peuvent être administrés au nom du migrant par la famille, qui agit comme un agent de confiance. Les Attentes d'un héritage de la part des parents de l'émigrant peut être une autre motivation pour les envois de fonds. Dans ce cas, les membres de la famille qui ont contribué à la richesse familiale (par exemple, en envoyant des fonds) sont les candidats potentiels de l'héritage futur.

3. Les références de cette littérature sont : Stark (1991); Poirine (1997); Brown (1997); Solimano (2003)

Contrat familial implicite I : remboursement de prêt

La théorie économique sur le processus des envois de fonds a développé des explications qui prennent la la famille - plutôt que l'individu - comme unité principale d'analyse. La théorie suppose qu'une famille développe un contrat implicite avec l'individu (le migrant) qui choisit de vivre à l'étranger, et ceux qui restent dans le pays d'origine. Le contrat implicite a une dimension inter-temporelle, disons des années ou même des décennies, comme horizon temporel, et combine des éléments d'investissement et de remboursement. Dans la théorie du remboursement des prêts, la famille investit dans l'éducation de l'émigrant et finance généralement les coûts de la migration (voyage et séjour dans le pays d'accueil). C'est l'élément prêt (investissement) de la théorie. La partie de remboursement vient après que le migrant se soit installé à l'étranger, son profil de revenu commence à augmenter au fil du temps et il est en mesure de commencer à rembourser le prêt (principal et intérêts) à la famille sous la forme d'envois de fonds. Ainsi, la famille investit dans un «actif» à rendement plus élevé - le migrant qui gagne un revenu plus élevé dans un pays étranger que les autres membres de la famille vivant et travaillant dans le pays d'origine. Ce modèle prédit divers profils temporels des envois de fonds, en fonction, entre autres, du temps qu'il faut au le migrant pour s'établir sur le marché du travail étranger et de la durée de son séjour à l'étranger. Plus vite s'effectue l'intégration du migrant au marché du travail du nouveau pays, plus vite le flux des envois de fonds naîtra. Les montants à transférer dépendront, entre autres, du profil de revenu du migrant. Dans ce modèle, les envois de fonds n'ont pas besoin de diminuer avec le temps comme dans le modèle altruiste.

Contrat familial implicite II : co-assurance

Une autre variante de la théorie des envois de fonds en tant que contrat de famille implicite entre migrant et ceux qui sont restés dans le pays d'origine est basé sur la notion de diversification des risques. L'idée est simple : les marchés d'assurance et les marchés de capitaux dans le monde réel sont incomplets, et les risques ne peuvent être diversifiés en raison de l'absence d'actifs financiers qui limitent les risques. En outre, les contraintes d'emprunt, un problème particulièrement grave pour les migrants pauvres, limite la capacité à lisser la consommation ou à financer l'investissement. En supposant que les risques entre le pays d'envoi et le pays étranger ne sont pas positivement corrélés, alors une stratégie pratique pour la famille dans son ensemble est d'envoyer certains de ses membres à l'étranger (souvent les plus éduqués) pour diversifier les risques économiques.

Le migrant peut alors participer à soutenir sa famille dans le pays d'origine dans les mauvais moments . De même, pour le migrant, avoir une famille dans le pays d'origine est une assurance contre les mauvais moments qui peuvent également se produire dans le pays d'accueil. Dans ce modèle, l'émigration devient une stratégie de coassurance avec les envois de fonds jouant le rôle d'une réclamation d'assurance. Comme dans tout contrat, il y a le problème potentiel de l'exécution (par exemple, s'assurer que les termes du contrat sont respectés par toutes les parties). Cependant, en principe, on peut s'attendre à ce que cela soit plus simple en raison du fait que ce sont des contrats familiaux implicites qui sont favorisés par la confiance familiale et l'altruisme (caractéristique souvent absente des contrats légalement sanctionnés).

1.2.2 Approche macroéconomique

Les **impacts macroéconomiques** des envois de fonds ont été négligés pour au moins deux raisons. Un aspect théorique suggère que les envois de fonds des travailleurs sont principalement utilisés pour fins de consommation et, par conséquent, ont un impact minimal sur l'investissement. En d'autres termes, les envois de fonds sont généralement considérés comme des transferts compensatoires entre les membres de la famille qui ont perdu des travailleurs compétents en raison de la migration. Néanmoins, Stahl et Arnold (1986) soutiennent que l'utilisation des envois de fonds pour la consommation peut avoir un effet positif sur la croissance en raison de leur effet multiplicateur possible. De plus, les envois de fonds répondent aux opportunités d'investissement dans le pays d'origine autant qu'à des motifs de charité ou d'assurance. De nombreux migrants investissent leur épargne dans de petites entreprises, des biens immobiliers ou d'autres actifs dans leur propre pays parce qu'ils connaissent les marchés locaux mieux que leurs pays d'accueil, ou alors qu'ils comptent probablement revenir dans le futur. Dans environ deux tiers des pays en développement, les envois de fonds sont principalement orientés vers le profit et augmentent lorsque les conditions économiques s'améliorent dans le pays d'origine.

Bien que l'existence d'une relation forte entre le développement économique des pays d'origine et la migration internationale soit de plus en plus admise, la question de l'impact des flux financiers des migrants sur les économies des pays d'origines continue de faire objet d'un débat mitigé à deux sens dans la littérature. En effet, dans une étude théorique, Azam et Gubert (2005), montrent l'effet négatif que peut avoir la migration internationale sur le développement économique des pays d'origine. En outre, les rapatriements des fonds des migrants vers leur pays d'origine peuvent provoquer une augmentation de la demande de biens d'importation au détriment des biens produits localement, et n'auraient pas d'effets multiplicateurs sur l'économie. Les envoies des flux financiers des migrants seraient également à l'origine d'inflation et donc d'appréciation du taux de change réel dans des pays caractérisés par la faible flexibilité de leur appareil productif. Lorsqu'une grande partie de ces transferts est affectée à des achats de logement ou de terre, le taux de change réel a tendance à s'apprécier, rendant par conséquent les exportations moins compétitives. Les transferts de fonds peuvent également engendrer un autre effet négatif dans le cas où ils induisent une augmentation de la demande supérieure à la capacité de production de l'économie. Lorsque cette demande concerne des biens marchands, ils peuvent provoquer une appréciation du taux de change réel. Or, un taux de change surévalué réduit la compétitivité des entreprises du pays sur les marchés étrangers (parce que les exportations deviennent coûteuses) et sur les marchés intérieurs (parce que les importations sont peu coûteuses), et redirige les ressources du secteur des biens marchands vers celui des biens non marchands. Les transferts de fonds sont aussi à l'origine de comportements rentiers (Tall, 2001). Pour Piyasiri (2002), l'argument est que les pays à faible revenu sont incapables de mettre fin à l'exode des compétences. Il estime que la fuite des élites, des talents constitue un obstacle de taille sur le chemin de la croissance économique, d'où la migration des compétences est un cercle vicieux dans lequel vit l'économie des pays en développement.

1.3 Travaux empiriques

La littérature nous renseigne que plusieurs recherches et études empiriques mettent en exergue la relation existante entre les transferts de fonds issus de la migration internationale et le développement économique. Elle a permis de constater avec Amadou (2005) que les transferts de fonds des migrants ont connu une hausse considérable cette dernière décennie à l'échelle mondiale. Nous faisons ici le récapitulatif de différentes études menées sur le sujet et nous nous servirons de certains résultats issus de ces travaux comme base de notre analyse.

L'étude sur le cas du Sénégal réalisée par Amadou (2005) porte sur le lien entre les transferts de fonds et le développement économique en Afrique. Les résultats de l'étude montrent que les autorités locales des pays d'origine des migrants ainsi que les institutions internationales trouvent qu'envoyer des fonds est une source de revenus fiable pour financer le développement socio-économique et des investissements dits « productifs ». Ainsi trois quarts de ces fonds sont consommés par les bénéficiaires sous forme de dépenses alimentaires, scolaires et sanitaires. Ces fonds sont en partie investis dans la construction des villas pour servir de résidence. De plus, les fonds transférés par les migrants dans leurs pays d'origine sont investis dans l'immobilier et aussi dans certaines activités génératrices de revenus. Les résultats mentionnent aussi que le rapatriement des fonds est une source de capital humain très important pour les pays en développement. Ils sont moins importants que les Investissement Direct Étrangers (IDE) mais le sont beaucoup plus que l'aide publique au développement et les flux des marchés financiers, au moins dans certains pays. Ils constituent une source de capital relativement stable qui malgré la crise financière ne semble pas diminuer dans certains pays.

Faini (2002) se penche sur l'impact que pourrait avoir la migration et les transferts de fonds sur la croissance économique des pays à faible revenu. Pour ce dernier, les transferts de fonds des émigrés peuvent contribuer à accélérer la croissance économique dans le pays d'origine. En effet, un environnement politique favorable, qui ne décourage pas les envois de fonds pour un investissement productif constitue une source de moteur stimulateur de croissance et de la convergence des revenus. L'analyse révèle que les envois de fonds peuvent impacter de façon positive la croissance économique des pays à faible revenu. Autrement, les migrants compensent le manque de développement des marchés financiers locaux en transférant de l'argent aux pays d'origine, ce qui est utilisé pour régler les difficultés financières mais aussi pour le financement des investissements productifs qui stimulent la croissance (Giuliano et Ruiz-Arranz, 2005).

Walmsley *et al.* (2005) mesurent l'impact du mouvement de la main d'œuvre sur le développement en incorporant le flux bilatéral de la main d'œuvre au modèle GMig développé par Walmsley et Winters (2005), qui lui est basé sur le modèle appliqué d'équilibre général. Les résultats de l'étude montrent que les envois de fonds contribuent significativement [4] à la réduction de la pauvreté par le biais d'un accroissement du revenu et de la consommation. L'auteur trouve qu'une augmentation des envois de fonds de 10% induit une réduction de l'incidence de la pauvreté de 2,8%. Ce qui de façon indirecte impacte positivement la croissance économique et le capital humain.

4. Le terme de significativité est un terme statistique lié à un seuil autour duquel on mesure nos résultats

Ebeke et Le Goff (2010), partant de l'hypothèse selon laquelle les transferts monétaires peuvent contribuer à accroître les recettes fiscales avec un échantillon de soixante-dix (70) pays en développement, trouvent un impact positif et significatif des transferts de fonds dans les pays d'origines qui disposent d'une politique fiscale fiable bien adaptée. En plus, par une modélisation dynamique de choix discret, ils estiment un impact positif et significatif des transferts monétaires des migrants sur la décision d'adopter et de maintenir la Taxe sur Valeur Ajoutée (TVA).

Brinkerhoff (2006); Kapur (2004) examinent les implications de la diaspora numérique et le processus de négociation identitaire qu'ils permettent. Ils indiquent que les émigrants qui retournent dans leur pays peuvent être une source d'entrepreneuriat, de progrès technologique, d'investissement et de promotion du commerce. Dans le même ordre d'idée, Wahba (2015) met en exergue le fait que les migrants retournant en Égypte, ont des compétences plus élevées que ceux qui sont restés et ont une probabilité d'entreprendre des activités lucratives qui s'accroissent avec le temps qu'ils ont eu à travailler à l'étranger. Aussi, Kapur et McHale (2003) soulignent que la diaspora hautement qualifiée des pays comme l'Inde a contribué à la croissance du secteur des technologies de l'information et aux investissements directs étrangers (IDE) dans ce pays.

Adams et Page (2005), à partir d'un GMM en panel dynamique portant sur 71 pays en développement évaluent l'impact de la migration internationale et des transferts de fonds sur la pauvreté dans les pays en développement. Les résultats de leur étude montrent qu'une augmentation de 10% dans les transferts internationaux par tête réduit de 3,5% la proportion de pauvres.

Amadou (2005), dans l'optique, d'analyser la relation entre les Transferts Financiers des Migrants (TFM), la pauvreté et la croissance économique en Afrique subsaharienne sur une période 1994-2009, utilise les modèles de panel à effets fixes. Les estimations montrent que les transferts des fonds des migrants contribuent de façon significative à la croissance économique et non significativement à la réduction de la pauvreté. L'évaluation de l'effet des transfert de fonds des migrants sur le taux de chômage dans la zone de la Communauté Économique et Monétaire des États de l'Afrique Centrale (CEMAC), montre que les envois de fonds du migrant, fruit de la mobilité de la force de travail, influencent négativement le taux de chômage dans les pays de la CEMAC. De plus, les fonds transférés par les émigrés dans leurs pays d'origine contribuent à l'augmentation du revenu des ménages bénéficiaires et à trouver des solutions aux difficultés financières des ménages dans le cadre du financement des projets productifs .

Christophe. et Frédéric (2003) partent du modèle de Todaro pour souligner les limites de l'analyse économique néoclassique appliquée à la migration, et stipulent que les transferts des migrants tentent d'abord de suppléer à l'absence ou l'insuffisance des systèmes d'assurance-maladie et des infrastructures médicales dans le domaine de la santé. En effet, les résultats montrent que les transferts contribuent à l'amélioration de l'état sanitaire de la population, et à terme, à l'amélioration de la qualité de la force de travail. Quant au secteur de l'éducation, ces auteurs reconnaissent le rôle prépondérant joué par les migrants à travers leurs transferts financiers, qui pallient aux manquements des familles qui ne sont plus, dans nombre de pays du Sud, en mesure d'assurer les coûts inhérents à l'éducation (fournitures, manuels, transport, internat et scolarité pour certains etc).

Tout récemment en 2015, à partir des données de la troisième enquête camerounaise auprès des ménages réalisée en 2007 pour analyser comment les transferts de fonds internes et internationaux affectent le comportement de dépense des ménages récipiendaires, concernant un large éventail de biens de consommation et d'investissement y compris les biens alimentaires, l'éducation et le logement, Meka'a (2015) utilisa le modèle de sélection logistique multinomiale en deux étapes, pour corriger la sélection sur les caractéristiques observables et non observables des ménages bénéficiaires d'envois de fonds. Les premiers résultats de l'analyse, montrent que les ménages bénéficiaires des transferts de fonds internationaux dépensent moins à la marge pour les biens alimentaires par rapport à ceux qui ne reçoivent pas de transfert. Concernant l'éducation et le logement, les résultats révèlent que les ménages bénéficiaires des transferts monétaires aussi bien internes qu'internationales, ont une marge de dépenses plus élevée que les non bénéficiaires. Plus loin, Meka'a affirme que les résultats confirment l'hypothèse selon laquelle les transferts constitueraient une source de financement indispensable pour le développement, en augmentant le niveau d'investissement en capital humain et en capital physique.

Dans un cas macroéconomique, Gbenou (2015) étudie les impacts macroéconomiques des transferts de fonds des migrants dans les pays de l'Union Économique et Monétaire

Ouest Africaine (UEMOA). Ainsi, les résultats des estimations du modèle auto-régressif sur données de panel (PVAR) soutiennent d'une part, l'hypothèse du rôle stabilisateur des transferts de fonds des migrants dans la mesure où ils sont de nature contra-cyclique. D'autre part, ces fonds influent positivement sur l'activité économique via la production réelle par tête, la consommation privée et l'investissement privé et aussi sur le crédit à l'économie par un système financier formel. Plus les transferts de fonds constituent une source de pression à la hausse sur la progression des prix, plus ils ont tendance à provoquer, toutes choses égales par ailleurs, une appréciation du taux de change effectif réel.

Une étude menée par l'observatoire de la pauvreté du Mali et citée par une étude de l'Institut Nationale de la Statistique du Niger (2009) a montré que lorsque les transferts sont pris en compte dans le calcul de l'agrégation du bien-être, on obtient un taux national de pauvreté de 47,4%, par contre lorsqu'ils sont déduits de l'agrégation de consommation le taux de pauvreté des ménages passe à 63,3%. On en déduit une réduction de 16% du taux de pauvreté induite par les transferts.

Gnimassou et Anyanwu (2018) étudie le rôle de la diaspora africaine dans le développement économique en Afrique. Dans un premier temps, l'auteur a étudié l'effet de la diaspora, en fonction du niveau d'éducation, sur le développement. Ensuite il a identifier les différents canaux par lesquels la diaspora opère. Les résultats montrent que la diaspora africaine contribue significativement à l'amélioration du capital par tête en Afrique. Cela est en ligne avec la croyance collective puisque, plus le niveau d'éducation est élevé, plus grand est l'impact de la diaspora sur le développent économique. Les différents canaux de transmission effectifs identifiés sont : l'amélioration du capital humain, le facteur productivité et la démocratie. Un autre résultat intéressant de l'étude est que pendant que les émigrants hautement qualifiés ont un impact non négligeable sur le développement et la démocratie, ceux avec un faible niveau d'éducation contribuent plus aux transferts de fonds.

Afawubo et Couchoro (2017) étudient la relation entre dépenses en santé privée et croissance économique dans l'UEMOA et jusqu'à quel degré les transferts de fonds contrôlent cette relation. Les auteurs ont fait recours à un panel des pays de l'UEMOA sur la période 2000-2014. L'estimation est basée sur un modèle endogène de croissance estimé à partir des moindres carrés ordinaires. Les résultats montrent tout d'abord une relation positive entre les transferts de fonds et la croissance économique. Toutefois, une augmentation des dépenses en santé impactent négativement la croissance économique. Les dépenses de santé ne conduiraient donc pas à une augmentation du niveau de compétence et cela décélère la croissance économique. De plus l'interaction entre transferts de fonds et dépenses en santé a un impact négatif sur la croissance. Une explication donnée par les auteurs est que financer les dépenses de santé par les transferts de fonds est insuffisant et inefficient et donc ne contribue pas à améliorer le statut sanitaire et à former le capital humain qui serait important à la croissance économique.

Senou (2017) analyse l'effet de la migration sur la croissance économique des pays de l'UEMOA. A partir de données de la banque mondiale, il estime l'effet des composantes interne et immigrée de la main d'œuvre et celui des transferts de fonds reçus, sur la croissance économique du Bénin, du Burkina Faso, de la Côte d'ivoire et du Sénégal. Les résultats des estimations basées sur le modèle néoclassique de croissance montrent un impact positif des transferts de fonds sur la croissance économique de ces quatre pays.

Malgré, une littérature largement riche qui souligne l'impact positif de la migration internationale particulièrement les transferts de fonds des migrants sur la croissance économique des pays d'origine, pays à faible revenu, il est à noter quelques unes qui montrent que les transferts de fonds des migrants influencent aussi négativement le développement économique.

Adams (2005) montre que les transferts n'ont pas que des effets positifs sur l'économie des pays en développement. Selon lui, les effets des transferts sur la croissance seraient plutôt négatifs à cause des effets pervers qu'ils engendrent et dont les coûts sont plus importants que les bénéfices qu'ils peuvent engendrer. En effet, les transferts de fonds produisent une demande supérieure à la capacité de production de l'économie considérée, ce qui pourrait avoir un effet inflationniste dans le cas où la demande concerne des biens non-marchants.

Dans les pays en développement à faible niveau du PIB, l'accroissement des transferts de fonds des migrants provoque des distorsions dans le fonctionnement des marchés financiers formels (Lucas, 2005). Les envois de fonds peuvent aussi favoriser l'accroissement de la demande de produits importés, réduisant ainsi la demande de biens locaux avec pour effet une hausse du coût de la vie et une baisse du pouvoir d'achat des populations (Amadou, 2005).

Selon la Banque mondiale (World Bank, 2006), les transferts de fonds pourraient influencer les taux de change en favorisant l'appréciation des monnaies des pays bénéficiaires ou le ralentissement des dépréciations (le concept du syndrome hollandais). Binford (2003); Chami et al (2003) développent dans le même sens, que les transferts peuvent favoriser une dépendance vis-à-vis des transferts de la part des bénéficiaires dans les pays en développement, encourageant ainsi l'émigration des personnes en âge de travailler, ce qui donc conduit à une réduction de l'offre de travail dans les pays d'origine. En outre, Chami et al (2003) à travers leurs analyses déduisent une relation négative entre les transferts de fonds et la croissance économique. Plus loin, ils argumentent que les transferts génèrent des problèmes d'aléa moral et que les transferts détournent l'offre de travail en rendant les récipiendaires dépendants des fonds au lieu de travailler .

Chapitre 2

Méthodologie

Dans cette section nous présenterons les données d'analyse ainsi que les variables, avant de présenter le modèle économétrique pour ensuite analyser l'impact des transferts de fonds sur la croissance économique des pays de l'UEMOA.

2.1 Modèle de croissance de Solow

La démarche méthodologique utilisée dans le cadre du présent mémoire repose sur une approche inspirée du modèle de croissance de Solow (1956) qui part d'une fonction de production néoclassique. Dans cette approche, nous estimons non seulement l'effet des transferts de fonds mais aussi l'effet de la main d'œuvre subséquente à la migration des travailleurs de l'espace UEMOA.

Le modèle de croissance de Solow présente une description très simplifiée de la croissance économique. Toutefois, cela nous donne une idée des facteurs qui déterminent les résultats macroéconomiques à long terme, en dynamique de l'accumulation de capital.

La fonction de production
Nous commençons par une fonction de production de type Cobb-Douglas

$$Y = AK^{\alpha}N^{1-\alpha} \tag{2.1}$$

Où A est un multiplicateur de l'état de la technologie, K est le stock de capital et N la main d'œuvre (nombre de travailleurs). α est une fraction positive ($0 < \alpha < 1$). Le fait que les exposants soient fractionnaires veut dire que nous avons des rendements marginaux décroissant de chaque facteur, si on fait varier ce dernier en maintenant l'autre constant. Le fait que la somme des exposants donne 1 signifie que nous avons des rendements d'échelles constants. C'est à dire, si nous augmentons K et N de x pourcent, Y augmentera aussi de x pourcent.

Pour une analyse de long terme, nous voulons généralement travailler avec le capital par tête, alors divisons la fonction de production par N :

$$\frac{Y}{N} = A\frac{K^{\alpha}N^{1-\alpha}}{N}$$

Après une petite manipulation algébrique, cela peut se réécrire comme

$$\frac{Y}{N} = A\left(\frac{K}{N}\right)^{\alpha}$$

En utilisant les simplifications $y \equiv Y/N$ (production par tête) et $k \equiv K/N$ (capital par tête), nous obtenons

$$y = Ak^{\alpha} \tag{2.2}$$

Prédictions du modèle

Dans le modèle de Solow, on suppose généralement que le niveau de technologie (comme le montre le coefficient A) est un phénomène mondial : tous les pays ont accès à la plus récente technologie. On considère aussi que le taux de dépréciation δ est identique entre pays. Le reste : taux d'épargne "s" et taux de croissance de la population sont les facteurs qui varient d'un pays à l'autre.

Quel est l'effet d'un taux d'épargne (et d'investissement) élevé ? Cela déplace la courbe sy à une position plus élevée ; à partir du diagramme, nous voyons que cela signifie qu'elle coupe la ligne $(n + \delta)k$ plus loin à droite. Alors, si un pays met une large part de sa production dans l'investissement, toutes choses égales, il aura des valeurs, de capital par tête et de production par tête à l'état stationnaire, très élevées. Notons toutefois dans ce modèle que bien qu'un taux d'épargne élevé hausse l'état stationnaire d'un pays, cela ne confère pas une croissance éternelle (une fois l'état stationnaire atteint, une croissance additionnel de la production par tête se résume au taux d'amélioration de la technologie).

Et quel est l'effet d'une croissance rapide de la population ? Cela donne à $(n + \delta)k$ une pente inclinée. Ce qui intersectera sy plus loin à gauche. Ainsi, si un pays a une croissance rapide de sa population, toutes choses égales, il aura des valeurs, de capital par tête et de production par tête à l'état stationnaire, très basses.

Ce sont les prédictions basique du modèle de solow. A quel point ces prédictions s'accordent aux données ? Des études statistiques (telles que l'article très reconnu de Mankiw *et al.* (1992)) suggèrent que le modèle s'accorde plutôt bien. Mankiw et ses co-auteurs ont pris le PIB réel par tête comme variable dépendante et les variables clés de Solow (taux d'épargne et croissance de la population) comme variables indépendantes. Dans un panel de plusieurs pays, développés et peu développés, ils ont trouvé que les variables de Solow comptaient pour environ 60% de la variation du PIB par tête. Comme le modèle le prédit, ils ont trouvé un coefficient statistiquement significatif positif pour le taux d'épargne et négatif pour le taux de croissance de la population.

2.2 Spécification du modèle

Nous estimons un modèle de panel du fait de la densité élevée d'information que cela nous offre. L'avantage fondamental des données de panel est que cela permet au chercheur une meilleure flexibilité dans la modélisation des différences de comportements à travers les individus (pays). Elles permettent aussi de contrôler les facteurs non-variant dans le temps,même si ils sont non-observés. La menace du biais de variables omises est tout aussi réduite. La structure basique pour cette discussion est un modèle de régression de la forme

$$\begin{aligned} y_{i,t} &= x'_{i,t}\beta + z'_i\alpha + \varepsilon_{i,t} \qquad (2.3) \\ &= x'_{i,t}\beta + c_i + \varepsilon_{i,t} \end{aligned}$$

Il y a K régresseurs dans x_{it}, n'incluant pas un terme d'erreur. **L'hétérogénéité**, ou **l'effet individuel** est $z'_i\alpha$ où z_i contient un terme constant et un ensemble d'individus ou de variables spécifiques de groupe, qui pourraient être observées, telles que la race, le sexe, la location et autre, ou non-observées, telles que les caractéristiques spécifiques d'une famille, l'hétérogénéité individuelle en compétence ou préférence, etc, et tout cela est considéré comme constant dans le temps. Comme cela se présente, ce modèle est un modèle de régression classique. Si z_i est observé pour tous les individus, alors le modèle entier peut être traité comme un modèle linéaire ordinaire et s'adapter aux moindres carrés. Les complications surviennent lorsque c_i n'est pas observé, ce qui sera le cas dans la plupart des applications.

Si z_i n'est pas observé, mais corrélé avec x, alors l'estimateur des moindres carrés de β est biaisé et inconsistant en raison d'une variable omise. Cependant, dans ce cas, le modèle

$$y_{i,t} = x'_{i,t}\beta + \alpha_i + \varepsilon_{i,t}, \tag{2.4}$$

où $\alpha_i = z'_i\alpha$ comprend tous les effets observables et spécifie une moyenne conditionnelle estimable. Cette approche d'effets fixes considère α_i comme un terme constant spécifique au groupe dans le modèle de régression. Il est à noter que le terme "fixe" utilisé ici signifie la corrélation de c_i et x_{it}, pas que c_i soit non-stochastique.

Notre décision finale, sur la base des différents test, est d'estimer le modèle à effets fixes [1]. Les résultats de nos tests seront présentés dans le prochain chapitre.

Estimateurs d'effets fixes

Le modèle à effet fixe est une alternative (autre que la différence première) au problème d'hétérogénéité non observée en donnée de panel.

Pour un modèle à une seule variable indépendante,

$$y_{i,t} = \beta_1 x_{i,t} + \alpha_i + \varepsilon_{i,t} \tag{2.5}$$

En prenant la moyenne dans le temps de chaque unité i de l'équation, on obtient :

$$\bar{y}_{i,t} = \beta_1 \bar{x}_{i,t} + \bar{\alpha}_i + \bar{\varepsilon}_{i,t} \tag{2.6}$$

En soustrayant la deuxième équation de la première, on arrive à :

$$y_{i,t} - \bar{y}_{i,t} = \beta_1(x_{i,t} - \bar{x}_{i,t}) + (\varepsilon_{i,t} - \bar{\varepsilon}_{i,t}) \tag{2.7}$$

Cette transformation algébrique est connue comme *la transformation within*, et l'estimateur qui en découle est connu comme *l'estimateur within*. Tout comme les MCO en coupe transversale expliquent uniquement les déviations de y de sa moyenne $\bar{y}$, la valeur explicative de l'estimateur within est dérivée des mouvement de y autour de ses moyennes individuelles-spécifiques avec x autour de ses moyennes individuelles-spécifiques. Ainsi, ce n'est pas grave si une unité a constamment des valeurs élevées ou faibles de y et x. Tout

1. Plus d'informations sur le modèle à effets fixes dans Greene (2012).

ce qui compte c'est comment la variation des valeurs autour de la moyenne sont corrélées.

Tout comme dans le cas de l'estimateur de différence première, l'estimateur within serait non biaisé et consistant si les variables explicatives sont strictement exogènes : indépendants de la distribution de ε en terme de valeurs passées, présentes et futures. La corrélation avec α_i est acceptable puisque ce terme sera retiré dans la transformation within.

L'estimateur within est implémenté dans STATA avec la commande *xtreg, fe* (fe pour fixed effects). La transformation within implémente ce qui est souvent appelé modèle LSDV (Least Squares Dummy Variable) car la régression sur données dégradées produit les même résultats qu'en estimant le modèle à partir des données d'origine. Cela n'est pas souvent réalisable d'estimer ce modèle LSDV directement car nous pourrions avoir des centaines ou des milliers de panel dans notre base de données. Nous pouvons par contre toujours opérer la transformation within pour tout nombre d'unités et implémenter le modèle FE. Notons que les degrés de libertés pour un tel modèle tiendront compte des N moyennes qui ont été estimées, une pour chaque individu. Ainsi, contrairement au pooled OLS où le nombre de degrés de liberté serait $(NT - k)$, les degrés de liberté pour l'estimateur FE sera $(N(T - 1) - k)$. Dans l'implémentation *xtreg, fe* de STATA, un terme constant est inclus et un test de Fischer est fourni pour l'hypothèse nulle que tous les coefficients α_i' sont égaux à zéro, où α_i' représente les déviations de la valeur moyenne $\bar{\alpha}_i$.

Notre modèle d'analyse économétrique est basé sur le modèle d'effet fixe. La forme du modèle estimé se présente comme suit :

$$cr_{i,t} = \alpha_0 + \alpha_1 Tfr_{i,t} + \alpha_2 FBC_{i,t} + \alpha_3 ouv_{i,t} + \alpha_4 ext_{i,t} + \mu_i + \varepsilon_{i,t} \tag{2.8}$$

Où $cr_{i,t}$ est le taux de croissance que nous assimilons au logarithme du PIB. α_0,α_1, α_2, α_3, α_4 sont les paramètres à estimer, μ_i l'effet fixe ou le facteur d'hétérogénéité des pays, prenant en compte tous les facteurs (non observés) constants qui ont un impact sur la croissance, et $\varepsilon_{i,t}$ le terme d'erreurs qui prend en compte les facteurs non observés (qui varient dans le temps) et ayant un impact sur la croissance du PIB par tête.

2.3 Données et Variables du modèle

Notre variable dépendante ou expliquée est **le logarithme du PIB** du fait de l'objectif de notre recherche. Une transformation logarithmique du PIB permet d'aboutir au taux de croissance [2]. Cette variable est observée pour chacun des huit pays durant la période de 2000 à 2015. C'est un indicateur de mesure du niveau de croissance d'un pays.

En nous basant sur la littérature, nous avons utilisé les variables exogènes suivantes :

— **La part des transferts dans le PIB (Trf)**
Il s'agit de notre variable d'intérêt dans l'analyse. Elle mesure la proportion (en pourcentage) des transferts de fonds réalisés dans le PIB du pays.

— **La Formation Brute de Capital (FBC)**
Nous avons utilisé ici le ratio de la formation brute de capital sur le PIB. Cette variable se réfère à l'accroissement du stock de capital. Le capital faisant partie des déterminants traditionnels de la croissance, nous avons donc décidé de l'inclure dans notre modèle.

— **Le taux d'ouverture commerciale (ouv)**
C'est un indicateur du commerce international qui mesure l'équilibre des échanges, l'indépendance économique d'un pays. Il est déterminé en divisant la moyenne des exportations et des importations par le PIB, le tout multiplié par 100 $(((exp + imp)/2)/PIB))$*100.

— **La part de la main d'œuvre étrangère (ext)**
Cette variable représente la part (en pourcentage) d'étrangers dans la force de travail. L'objectif visé en utilisant cette variable est que nous voulons voir si la présence d'étrangers dans la population active aide l'économie dans laquelle ils se trouvent à vite croître, ou bien si cela est plutôt une source de récession de cette .

Dans le but de tester les implications de notre modèle, nous avons collecté des données agrégées sur les transferts de fonds provenant de la base de données des indicateurs de développement mondial de la Banque Mondiale. La base de données totale contient huit pays pour lesquels les transferts de fonds ont été rapportés sur la période 2000-2015. Nous nous sommes limités à cette période du fait que les données antérieurs ne sont pas continues. En effet, avant l'an 2000 nous avons constaté que les données n'existaient pas pour deux ou trois années consécutives, ce qui ne nous permettaient pas de couvrir toute la période. Par contre, entre 2000 et 2015, nous avons une continuité des données pour toutes nos variables. C'est pour cela que nous avons décidé de réduire notre période d'étude.

2. Pour plus détails, Lutz (2016)

Toutefois il faut signifier que les données sur les transferts retracées dans le WDI de la Banque Mondiale présentent des insuffisances car ne prenant pas en compte la grande quantité des transferts qui s'opèrent par des canaux informels. De plus, l'accroissement du volume de transferts dans un pays au fil du temps pourrait refléter une amélioration des moyens de collecte de l'information plutôt qu'une augmentation réelle des flux. Les données officielles sous-estiment ainsi les montants globaux réels de transferts. Cependant, nous notons avec Adams et Page (2005); Catrinescu et al (2009) que malgré leurs insuffisances les données disponibles sur les flux de transferts constituent l'une des meilleures informations pour l'analyse de la dynamique des migrations.

De plus, nous avons collecté des données sur le PIB par tête de la base de données de la Banque Mondiale. D'autres variables utilisées dans le modèle tels que la part des immigrés dans la population active, la formation brute de capital fixe et le taux d'ouverture du pays (déterminé sur la base des exportations et des importations) ont été obtenues du FMI.

Chapitre 3

Résultats et Discussions

3.1 Provenance géographique des transferts de fonds reçus

Les ressources proviennent essentiellement de l'Europe (66,1%) notamment de la France (24,0%), de l'Italie (23,9%), de l'Espagne (7,9%) et du Portugal (0,7%). Les autres pays européens représentent en moyenne 7,1% des flux en réceptions. Les pays africains constituent néanmoins le deuxième pourvoyeur des pays de l'Union, après ceux de la zone euro (57,7%) en termes de fonds de migrants avec 20,9% de l'ensemble des transferts reçus, dont 7,8% de transferts intra-communautaires et 6,6% en provenance de la zone CEMAC.

Au Bénin, les ressources proviennent essentiellement de l'Afrique (62,7%) notamment du Nigeria (13,5%), du Gabon (8,7%), du Niger (8,5%), du Congo (6,2%), de l'Afrique du Sud (6,1%) et de la Côte d'Ivoire (5,3%). La France constitue néanmoins le principal pourvoyeur du Bénin en termes de transferts avec 20,1% de l'ensemble des réceptions; La majorité des ressources reçues par le Burkina proviennent de l'Afrique (46,9%), spécialement des pays de l'UEMOA (39,2%) et singulièrement de la Cote d'Ivoire (30,9%). L'Europe occupe la deuxième place avec 32,0%, dont les pays de la zone euro pour 25,9%. Le troisième pourvoyeur des fonds des travailleurs migrants est le continent américain avec 16,3%.

En Côte d'Ivoire, les transferts de fonds des migrants en provenance de la France représentent près du tiers (32,8%) de l'ensemble des fonds reçus par les populations enquêtées. L'Angleterre arrive en deuxième position avec 15,7% des fonds reçus de l'extérieur. Les ressources en provenance des pays africains représentent 17,2% dont 8,3% de l'espace UEMOA. Les ivoiriens résidant aux Etats-Unis envoient 14,0% des ressources en direction de la Côte d'Ivoire.

Le continent européen représente la principale provenance de fonds de la Guinée-Bissau, avec 83,3% des flux reçus, dont 19,3% transitent par les circuits informels. Ils sont dominés par les ressources en provenance du Portugal qui représentent 45,4% des fonds reçus, suivis de l'Espagne (16,3%) et de la France (11,5%). L'Afrique avec 13,6% est le deuxième continent de provenance des ressources. La part des autres continents est estimée à environ 3,1% du total global.

Les flux de ressources en direction du Mali proviennent majoritairement de la France (48,6%), d'Espagne (10,5%), des Etats-Unis (9,7%), des pays de l'UEMOA (8,7%) et des pays de la CEMAC (11,0%), majoritairement du Congo (6,0%), pays généralement caractérisé par l'importance de la diaspora malienne qui y réside.

L'Afrique constitue la principale source de provenance des transferts reçus (61,5%) au Niger dont 18,0% de la Côte d'Ivoire et 12,1% du Nigeria. Le niveau élevé des transferts reçus de la Côte d'Ivoire s'explique par l'importance des immigrés nigériens qui y résident, notamment ceux en provenance de la région de Tahoua. L'Europe avec 30,7% des ressources vient en deuxième position. Au niveau des pays européens, les transferts reçus proviennent de la Belgique (15,5%), des Pays Bas (7,9%) et de la France (3,6%). Les USA procurent 3,7% des transferts reçus.

Pour le Sénégal, le continent européen fournit plus des quatre cinquièmes des fonds reçus (82,1%), dont 10,6% empruntent les circuits informels. Il est suivi de l'Afrique avec 9,8% et du continent américain pour une part estimée à environ 6,7% du total global.

Les réceptions de fonds du continent européen représentent 51,7% des transferts en direction du Togo. Le continent africain envoie un peu plus du quart (27,8%), devant l'Amérique (17,9%) et l'Asie (2,1%).

3.2 Utilisation des transferts de fonds reçus

Les fonds reçus dans l'Union servent essentiellement aux dépenses de consommation (54,6%), à l'investissement immobilier (15,8%), aux autres investissements (5,5%), aux dépenses de santé et d'éducation (3,4% et 6,4% respectivement). Les évènements familiaux et religieux mobilisent 8,7% des réceptions de fonds des travailleurs migrants.

Au Bénin, les fonds reçus servent en grande partie au financement de la consommation courante (29,6%), aux investissements immobiliers (23,0%) et aux autres investissements (28,1%).

Les flux entrants de ressources au Burkina sont destinés essentiellement à la consommation courante (37,3%), aux investissements immobiliers (25,7%), aux autres investissements (16,3%) et aux dépenses d'éducation (15,0%).

Au niveau de la Côte d'Ivoire, les motifs économiques des transferts portent essentiellement sur le soutien à la consommation courante (36,2%) et les investissements immobiliers (29,3%).

En Guinée-Bissau, l'analyse des flux entrants selon les motifs économiques indique que près de la moitié (48,0%) des fonds reçus est destinée à la consommation courante des ménages. Les ressources consacrées aux dépenses de santé et d'éducation représentent respectivement 18,0% et 11,0% des transferts reçus. Une part relativement faible, estimée à 11,0%, est réservée aux dépenses d'investissements, dont 8,0% aux acquisitions immobilières.

Au Mali, 77,1% des transferts reçus sont utilisés dans des dépenses courantes, dont la consommation (48,7%), les événements familiaux (15,0%), l'éducation (5,2%), santé (4,2%) et autres (4,1%). Une part importante de ces ressources (19,2%) est affectée à l'investissement (y compris les achats de biens).

Les transferts reçus au Niger sont généralement destinés à la couverture des besoins de consommation courante qui absorbent 52,1% des envois de fonds. Les dépenses consacrées aux autres investissements, notamment les achats de champs, la constitution de fonds de commerce etc., aux événements familiaux et/ou religieux et à l'épargne et/ou la tontine représentent respectivement 17,6%, 8% et 7,6% des transferts reçus. Une part relativement faible est consacrée aux investissements immobiliers (4,3%), à la santé (2,8%) et à l'éducation (0,7%).

Environ 70% des fonds reçus au Sénégal sont destinés à la consommation courante des ménages. La couverture des événements religieux vient en deuxième position avec 8,2% des flux, suivie des acquisitions immobilières (7,6%) et des soutiens scolaires et sanitaires (7,4%). La dimension religieuse des envois occasionnels de fonds dans ce pays s'explique, en partie, par la prépondérance de ce type de transferts reçus dans la région de Diourbel, avec la forte mobilisation de la communauté mouride, établie dans la diaspora, lors des cérémonies de commémoration. En outre, les événements comme la Tabaski et la Korité sont des moments généralement privilégiés par les migrants, pour participer aux dépenses de la famille. Par ailleurs, les motifs d'épargne et de financement d'investissements sont négligeables.

Les motifs économiques prépondérants de transfert de fonds reçus au Togo sont les investissements immobiliers qui représentent 35,6% et la consommation courante 33,9%. Ces deux motifs sont suivis des dépenses de santé et d'éducation à hauteur chacune de 5,9% des transferts. L'épargne vient en dernière position avec moins de 1%.

3.3 Analyse descriptive des variables

Le tableau suivant donne les statistiques des différentes variables pour l'ensemble des pays (2000-2015).

TABLE 3.1 – Statistiques descriptives des variables

Variables	Obs	Moyenne	Ecart-typ	Min	Max
PIB	128	613,505	298,2868	160.2	1569,9
FBC_pib	128	19,502	8,253	3,554	39.95
Tfr_pib	128	0,4380	0,406	0,034	2.118
ouv	128	6,270	3,105	1,987	16.177
ext	128	0,091	0,081	0,023	0,332

Le PIB moyen au sein de l'union est de 613,51 millions de dollars durant la période 2000-2015. C'est la Côte d'ivoire qui réalise le niveau de PIB le plus élevé dans l'union (1569,9 en 2014). Elle est suivie du Sénégal (1101,2) et du Bénin (943,7). Notons que les pays ayant les niveaux de PIB les plus bas sont le Niger, le Burkina Faso et le Mali. La figure 3.1 montre le niveau de PIB par pays, avec la ligne rouge (horizontale) représentant le niveau moyen de PIB. Cela permet de voir correctement les pays en dessous du niveau moyen et ceux au dessus.

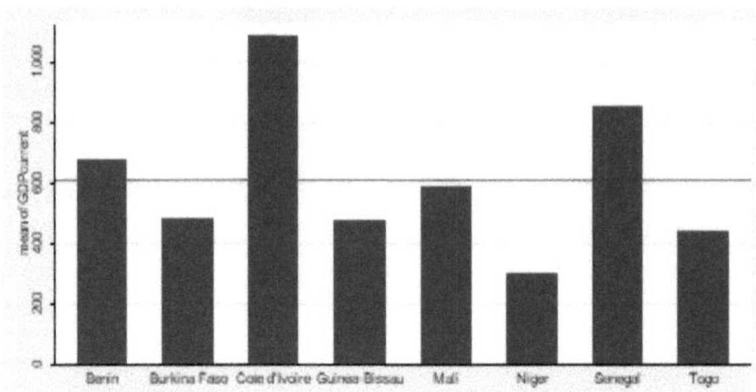

FIGURE 3.1 – Représentation du PIB par pays

La part de la formation brute de capital dans le PIB est en moyenne de 19,5%. On remarque que ce ne sont pas les pays qui possèdent la part de capital dans le PIB la plus élevée qui ont un haut niveau de PIB. Il faut noter que c'est le Niger, pays à plus faible revenu de l'union qui a la plus grande part de capital (39,95), enregistré en 2010 et suivi du Burkina Faso (32,45 en 2012) et du Sénégal (31,22 en 2008). La figure 3.2 permet d'observer cela en détails.

On remarque qu'en moyenne 43% du PIB dans les pays de l'UEMOA est constitué de transferts de fonds pendant la période considérée. Ce taux a connu des bornes très basses

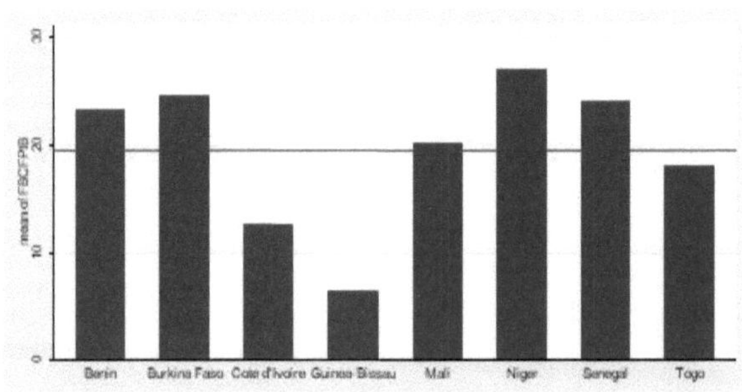

FIGURE 3.2 – Représentation du niveau de capital par pays

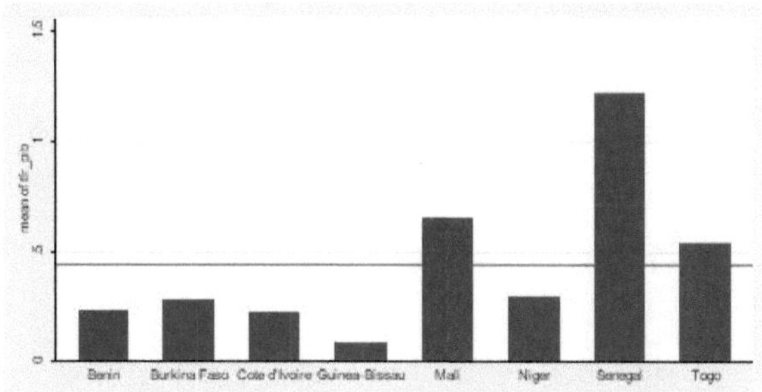

FIGURE 3.3 – Représentation du niveau des transferts de fonds par pays

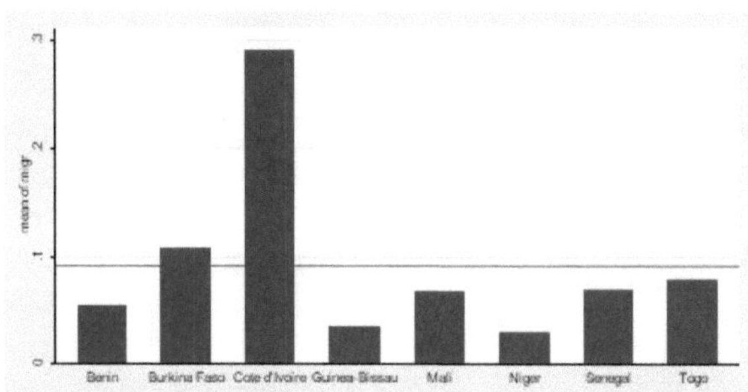

FIGURE 3.4 – Représentation de la part de migrants par pays

(3,4%), enregistrées par la Guinée Bissau avant de connaître une évolution dans le temps du fait surtout de la globalisation. Il est à noter que c'est le Sénégal qui reçoit le plus de transferts de fonds au sein de l'Union. La figure 3.3 montre le niveau des transferts de fonds reçus par chaque pays durant la période de notre étude.

La part d'étrangers dans la population active des pays de l'UEMOA est en moyenne de 10%. La part la plus faible est de 2,3% et c'est le Niger qui enregistrait ce taux en 2005 contre 4% en 2015. Le taux le plus élevé est enregistré par la Côte d'Ivoire (33,18%) en 2001 contre 24,87% en 2015. Au vue de ces statistiques, nous sommes en mesure d'affirmer que la part de migrants dans la population active est un facteur d'amélioration du niveau de croissance. Nous pouvons voir en détail ces statistiques sur la figure 3.4.

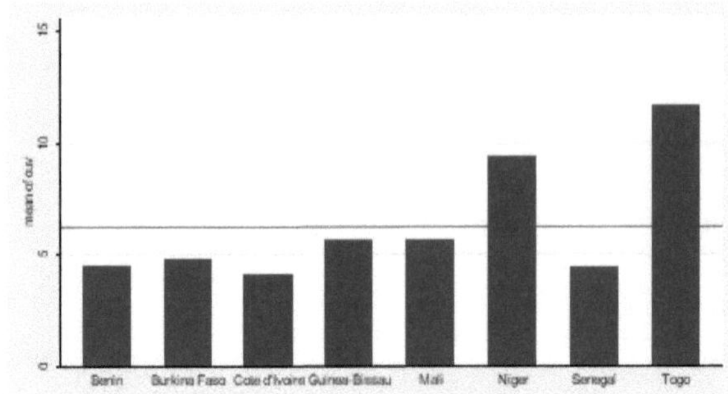

FIGURE 3.5 – Représentation du taux d'ouverture commercial par pays

Le degré d'ouverture des pays de l'UEMOA est en moyenne de 6,27%. Cela veut dire que les pays de l'UEMOA pour la plupart n'ont pas des activités orientées vers l'extérieur, autrement dit, ils subissent les changements externes plutôt que d'y participer. Il suffit de classer les pays selon cet indicateur pour observer que les pays (Niger ou Togo) dépendent plus du commerce international que la Guinée Bissau ou le Mali. Quand l'isolement du reste du monde s'ajoute à la richesse, on observe un taux d'ouverture encore plus réduit, comme le montre l'exemple de la Côte d'ivoire (figure 3.5). Chaque taux est exprimé en pourcentage du degré d'ouverture qui découlerait naturellement de la géographie et des niveaux de revenus. Lorsque la réalité dépasse la prédiction théorique (100%), nous avons affaire à un pays que l'on considère comme ouvert. On voit donc bien clairement qu'aucun pays de l'UEMOA ne peut être considéré comme un pays ouvert. Toutefois, il à noter aussi que un taux d'ouverture élevé ne confère pas forcément un niveau de croissance plus élevé, puisque la Côte d'ivoire bien qu'ayant le plus faible taux d'ouverture présente le niveau de revenu le plus élevé de la zone UEMOA.

3.4 Résultats économétriques

Lorsque nous considérons un échantillon de panel, la toute première chose qu'il convient de vérifier est la spécification homogène ou hétérogène du processus générateur des données. Sur le plan économétrique, cela revient à tester l'égalité des coefficients du modèle étudié dans la dimension individuelle. Sur le plan économique, les test de spécification reviennent à déterminer si l'on est en droit de supposer que le modèle théorique étudié est parfaitement identique pour tous les pays, ou au contraire s'il existe des spécificités propres à chaque pays (Manuel et Bond, 1991). Ces tests de spécification ainsi que les estimations se feront sous le logiciel STATA 13. Les résultats détaillés des différents tests et régressions sont présentés en annexe. Seule la synthèse de ces résultats sera mise en exergue dans la suite du document.

3.4.1 Tests de spécification

Forme fonctionnelle du modèle

Le choix des variables et de la forme fonctionnelle se fait sur la base de compréhension théorique et générale de la relation analysée. Des signes inattendus ou des grandeurs irréalistes des coefficients peuvent être le résultat d'une mauvaise spécification. Un test général de spécification peut être donc réalisé pour le modèle. Ainsi, le test RESET de James Ramsey permet de détecter l'incorrecte forme fonctionnelle (et les variables omises) du modèle.

L'hypothèse nulle du test pour RESET(3) est : H0 :$\gamma_1 = \gamma_2 = 0$. Rejeter cette hypothèse veut dire que le modèle est éventuellement mal spécifié.

D'après la figure 7, nous avons :

TABLE 3.2 – Test de Ramsey

F(2, 121)	prob > F
1,60	0,2058

Nous n'avons pas assez d'éléments pour rejeter l'hypothèse nulle, et donc notre modèle est bien spécifié.

Test de multicolinéarité

Le plus souvent en modélisation, compte tenu de l'environnement quelque peu incontrôlable, il arrive qu'une variable exogène soit une fonction d'une autre variable exogène, ce qui conduit à une violation des assomptions et par conséquent rend nos estimateurs inconsistants. En effet dans le cas de multicolinéarité, les écarts types sont infiniment larges et la précision des estimateurs est infiniment faible. Un test de multicolinéarité est donc important afin de détecter ou non une telle relation. Nous avons utilisé ici le facteur d'inflation de la variance (VIF).

Les hypothèses du test sont les suivantes :

— H0 : Absence de multicolinéarité

— H1 : Présence de multicolinéarité

La figure 8 montre $VIF = 1,19 < 10$, ce qui nous amène à dire qu'il y a absence de multicolinéarité dans notre jeu de données.

Test d'auto-corrélation des erreurs

Il y a auto-corrélation lorsque la valeur du terme d'erreur à une période dépend de la valeur du terme d'erreur à une autre période. Le test d'auto-corrélation, est pertinent lorsque nous sommes en présence de série temporelle. Nous avons ici utilisé la méthode du coefficient de corrélation des résidus retardés. Dans un premier temps, nous estimons le modèle AR(1) par les MCO, ensuite nous récupérons les résidus puis générons les retards. Enfin à l'aide de la commande "pwcorr" de STATA, nous obtenons le tableau de covariance qui nous permet de détecter la présence (modérée) d'auto-corrélation d'ordre 2 avec $\rho = -0,27$ (cf figure 11). Une alternative dans ce cas est de calculer les écarts-types robustes avec l'option "robust" de STATA. Nous avons donc des écarts-types correctement calculés et on accepte donc le fait que nos estimateurs n'aient pas la plus petite variance.

Test de Breusch et Pagan

L'identification de l'hétéroscédasticité peut se faire à l'aide de plusieurs tests dont les tests de Breusch-Pagan, test de Goldfeld, test de Gleisjer et test de White. Dans notre étude, nous prenons le test de Breusch-Pagan pour tester l'hétéroscédasticité. Si les résidus sont hétéroscédastiques, les écarts types ne peuvent plus être calculés correctement. Cela peut conduire à des intervalles de confiance et des test d'hypothèses mal menés. Avec l'hétéroscédasticité, il y a un estimateur avec une faible variance. Le théorème de Gauss-Markov ne s'applique plus. Cela veut dire que les estimateurs sont toujours linéaires et non biaisés, mais ils n'ont plus la plus petite variance possible (LUE au lieu de BLUE). C'est pour s'assurer de l'absence de ce problème que nous effectuons le test de Breusch-Pagan. Le problème du test est le suivant :

— H0 : homoscédasticité

— H1 : hétéroscédasticité

Si la probabilité associée au test est inférieure à notre seuil de significativité, on rejette l'hypothèse H0. En revanche, si la probabilité est supérieure au seuil, l'hypothèse nulle est vérifiée et nous pouvons supposer l'homoscédasticité des résidus. D'après la figure 10, on a les statistiques suivantes :

TABLE 3.3 – Résultats du test d'hétéroscédasticité de Breusch-Pagan

H0 : Constant variance

Chi2(1)	**prob > Chi2**
1,66	0,1976

Les résultats du test d'hétéroscédasticité montrent une probabilité supérieure à 5%. Donc nous acceptons l'hypothèse H_0 d'homoscédasticité des résidus.

Test de présence d'effets spécifiques individuels

Plusieurs stratégies de tests permettent de rechercher l'existence ou non d'effets spécifiques dans un modèle de panel. Nous avons retenu celle de Fischer qui consiste à faire le choix entre un modèle Pooled ou un modèle à effets spécifiques. C'est un test qui permet justifier s'il est opportun d'estimer le modèle sur données de panel ou s'il faut plutôt estimer le modèle pays par pays.

Le principe du test est le suivant :

— H0 : modèle pooled

— H1 : modèle à effets

En se référant à la figure 12, on a :

TABLE 3.4 – Test de Fischer de présence d'effets individuels

F(4,7)	**prob > F**
85,85	0,0000

L'hypothèse nulle d'absence d'effets individuels est rejetée à 1%, ce qui veut dire que le pooled OLS n'est pas approprié. La contrepartie de ce résultat est bien entendu qu'il existe des effets spécifiques individuels. Le tableau 3.8 à la page 42 présente les effets individuels pour chaque pays, obtenus par computation dans Stata..

Test de présence d'effets aléatoires

S'il n'y a pas de différences individuelles entre les pays ($\mu_{it} = 0$), alors il n'y a pas lieu de penser à l'hétérogénéité (i.e., au modèle aléatoire ou aux effets fixes). Dans un tel cas le Pooled OLS est approprié. Cependant, si tel n'est pas le cas, nous nous penchons vers les effets fixes et le modèle aléatoire. Il importe donc de faire le test de présence d'effets aléatoires pour nous fixer. Le test approprié est celui du multiplicateur de Lagrange programmé sous STATA avec la commande "xttest0". Les hypothèses du test sont les suivantes.

— H0 : Absence d'effets aléatoires

— H1 : Présence d'effets aléatoires

En se référant à la figure 9, on a :

TABLE 3.5 – Test du multiplicateur de lagrange

Chi2(01)	**prob > Chi2**
186,81	0,0000

L'hypothèse nulle peut-être rejetée et donc nous supposons la présence d'effets aléatoires. Cela confirme le résultat précédent selon lequel le Pooled OLS n'est pas approprié. Il faut donc faire le choix d'estimer le modèle à effets aléatoires ou le modèle d'effets fixes. Pour ce faire nous faisons recours au test de Hausman.

Test de Hausman

Le test de Hausman permet de tester la présence ou non d'une corrélation entre les effets spécifiques et les variables explicatives du modèle. Les coefficients estimés du modèle à effets aléatoires sont comparés au coefficients du modèle à effets fixes. L'idée du test est que les deux modèles produisent des estimateurs consistants si les régresseurs [1] ne sont pas corrélés avec les effets non-observés. Dans le cas où la corrélation existe, l'estimateur RE est inconsistant pendant que l'estimateur FE reste toujours consistant. Ainsi, l'estimateur FE converge vers la vrai valeur dans un grand échantillon alors que l'estimateur RE converge vers une valeur différente de la vrai valeur. Les coefficients estimés sont donc différents. Sur cette base, le test permet de choisir entre le modèle à effet fixe et le modèle à effet aléatoire. Les hypothèses du test sont les suivantes :

1. variables indépendantes ou exogènes ou explicatives

— H0 : il n'y a pas de différences systématiques de coefficients
— H1 : il existe une différence entre les coefficients

Le test nous donne les informations ci-après :

TABLE 3.6 – Résultats du test de Hausman

Chi2(4)	**prob > Chi2**
67,31	0,0000

H_0 est rejetée. Nous ne pouvons pas conclure que l'estimateur RE est consistant et donc nous nous retrouvons à estimer le modèle à effets fixes.

Les différents tests effectués nous ont permis de vérifier les problèmes potentiels de nos variables et de les corriger. L'étude économétrique est ainsi donc achevée, il convient alors de passer à l'analyse économique des résultats obtenus.

3.4.2 Analyse économique des résultats de l'estimation

Les discussions de nos résultats reposent sur le modèle à effet fixe, choix basé sur les résultats de nos différents tests. Par ailleurs, la statistique de Fischer obtenue du test nous permet de nous assurer de la légitimité de notre modèle. Les résultats de l'estimation sont présentés dans le tableau 3.7 :

TABLE 3.7 – Les résultats d'estimation : Effets fixes

Variables	**Valeurs**
FBC_pib	0,016*** (0,003)
Tfr_pib	0,177* (0,087)
ouv	-0,106*** (0,018)
ext	-5,143** (1,716)
_cons	7,056*** (0,193)
N	128
R^2_{within}	0,8868

Les écarts types sont entre parenthèses.
* significatif à 10% ; ** significatif à 5% ; *** significatif à 1%

Le signe des coefficients des variables

Les signes des différentes variables explicatives de notre fonction de production sont les suivantes :

- Le signe positif du coefficient de la variable "FBC_pib" est conforme à celui attendu ;
- Le signe positif du coefficient de la variable "Tfr_pib" (transferts) est aussi conforme à celui attendu ;
- Le signe du coefficient de la variable "ouv" représentant le taux d'ouverture est par contre négatif, ce qui n'est pas conforme à notre intuition ;
- La variable "ext" représentant la part d'immigrants dans la population active présente un coefficient dont le signe est négatif, ce qui n'est pas conforme à notre intuition.

Interprétation et analyse des coefficients des variables

Les résultats de l'estimation montrent que la variable formation brute de capital (FBC_pib) explique positivement le niveau de croissance des pays de la zone UEMOA. Cela vient en confirmation de nos développements théoriques et de nos intuitions. En effet la formation de capital est assimilable à une augmentation des capacités d'investissement d'un pays, or l'investissement est une partie intégrante de la fonction de production (cf Keynes). L'investissement est au cœur de la croissance : un fort taux d'investissement (qui prend en compte à son numérateur la FBC) est souvent recherché, de même une formation de capital qui s'accroît rapidement laisse penser que la croissance va être rapide. Il faudrait donc que cet indicateur soit de bonne qualité et mesure correctement l'effort d'investissement d'un pays. Une part élevée de la formation brute de capital dans le PIB entraînerait donc, toute chose égale par ailleurs, une variation positive élevée du niveau de croissance. Dans le cas d'espèce, une variation de 1% de la formation brute de capital entraîne une hausse du niveau de croissance de 0,02% (faible) des pays de l'UEMOA. Cela veut dire que le capital est bien entendu important pour la croissance, mais le capital à lui seul ne permet d'atteindre un fort niveau de développement.

Comme nous le soupçonnions, Les transferts de fonds des migrants sont corrélés significativement positivement avec la croissance des pays de l'UEMOA. De façon quantitative, une augmentation des transferts de fonds de 10% entraîne une amélioration du niveau de croissance d'environ 1,8%, soit beaucoup moins que la moitié de cette augmentation. Ces résultats sont à peu près conformes à ceux de Giuliano et Ruiz-Arranz (2005) où une augmentation de 1% des transferts de fonds induit une augmentation du niveau de développement de 0,2%. Par contre, cela diffère des résultats de Fayissa et Nsiah (2008) qui ont montré qu'une augmentation de 10% des transferts de fonds induit une augmentation de 0,3% du niveau de croissance. Nous pouvons tout de même conclure que notre première hypothèse est validée.

Lorsque l'on reste dans le pays d'origine, la situation se présente ainsi : un travailleur quitte son pays d'origine à la recherche de conditions de vie meilleures. Une fois dans son pays de destination, il pense à son pays natal, aux gens qu'il a laissé derrière lui et pour cette raison, en guise d'aide, envoie de l'argent dans son pays natal pour aider sa famille à améliorer sa situation financière. Ces derniers obtiennent une source de revenu supplémentaire. Cet argent que nous qualifions de transferts est bénéfique à l'économie qui la reçoit, c'est à dire le pays d'origine de ce travailleur, car cet argent peut être utilisé pour financer le capital et ainsi impacter la croissance économique. Toutefois, rien ne nous assure que ces transferts soient effectivement utilisés pour financer l'investissement productif ou l'investissement en capital humain (humain). Il ne faut en outre pas oublier que si l'émigration peut constituer une source de revenu pour le pays d'origine, elle y réduit par définition la population active et détériore par là même la croissance potentielle, en particulier si ce sont les travailleurs qualifiés qui optent pour l'émigration. Cet effet est compensé à long terme si les émigrés reviennent ensuite dans leur pays d'origine, en particulier s'ils reviennent plus qualifiés.

Par contre le pays de destination perçoit ces transferts comme une fuite de capital car ce même argent aurait pu servir à une consommation plus élevée de la part du migrants dans le pays de destination ou tout aussi bien servir à financer des activités génératrices de plus-value. Mais il faut aussi voir le mouvement des capitaux d'une façon supplémentaire : autant le pays d'origine reçoit des transferts venants de l'étranger, autant des travailleurs étrangers résidents sur le territoire envoient de l'argent à l'étranger ; de même autant le pays de destination subit les sorties de fonds, mais autant il en reçoit de ses travailleurs qui ont émigrés vers d'autres pays. Cependant, dans l'un ou l'autre des cas, il faut identifier l'utilisation qui est faite des transferts de fonds. Si les transferts ne servent qu'à la consommation plutôt qu'à financer les investissements, il est clair que cela n'aura quasiment aucun impact sur la croissance économique. Et donc on serait tenter de justifier cela par le signe négatif du coefficient de cette variable dans certaine études phares. Il est donc crucial d'avoir une politique de redirection des fonds issus des transferts afin d'en tirer le meilleur profit.

Pour aller plus loin on peut dire que la capacité des envois de fonds de la part des migrants à lisser les fluctuations économiques dépend notamment des motifs selon lesquels ces envois sont réalisés. Si les transferts sont réalisés selon un motif altruiste, ils devraient être contracycliques avec la production dans le pays d'origine : le volume des afflux de transferts devrait s'accroître durant les ralentissements de l'activité dans le pays d'origine, compensant la chute de revenu que connaissent les membres de la famille qui y sont restés, si bien qu'ils permettraient d'y lisser les fluctuations de l'activité. Si les transferts sont réalisés selon un motif d'investissement, ils devraient être procycliques, puisqu'ils devraient diminuer lorsque l'économie d'origine connaît un ralentissement de l'activité. Enfin, un accroissement du revenu gagné par les émigrés devrait les amener à transférer davantage d'argent à leur pays d'origine, si bien que les transferts devraient tendre à être procycliques avec l'activité économique dans le pays d'émigration.

Le taux d'ouverture commercial impacte négativement la croissance économique des pays de l'UEMOA. Cela veut dire qu'un fort taux d'ouverture entraîne une réduction du niveau de croissance de ces pays. C'est un résultat quelque peu surprenant lorsque l'on se réfère à la littérature. Nous avons donc besoin de plus d'investigations pour identifier la cause de ce résultat.

Les résultats des analyses révèlent que la part d'immigrants dans la population active est significative à 5%, mais nous notons une relation négative avec le niveau de croissance, ce qui infirme notre deuxième hypothèse de recherche. En partant du fait que la main d'œuvre est un facteur de développement, nous nous attendons à ce qu'une augmentation de la main d'œuvre locale par des travailleurs venus d'ailleurs soit une source de développement. De plus ces travailleurs à priori viennent avec une certaine expertise et donc sont censés apporter un plus à la main d'œuvre disponible, pour une productivité accrue.

Une possible explication serait que ces travailleurs étrangers, plutôt que de participer à la croissance du pays de destination par des investissements productifs, préfèrent investir dans leur pays d'origine, en raison peut-être du fait qu'ils maîtrisent mieux la situation conjoncturelle de leur pays d'origine.

Par ailleurs, les effets spécifiques individuels des entités[2] ne sont pas donnés directement dans Stata mais ils peuvent être facilement générés en utilisant les commandes

2. Il s'agit ici bien sûr des pays constituant le panel.

post-estimation. Pour le[3] faire, on ajoute les déviations des entités (commande : *predict newvarname, u)* à l'ordonnée à l'origine des entités (qui est la constante du modèle). Le tableau 3.8 contient les résultats issus du processus.

TABLE 3.8: Effets spécifiques individuels de chaque pays.

Pays	**Effets spécifiques individuels**
Bénin	6,19
Burkina Faso	6,21
Côte d'Ivoire	8,75
Guinée Bissau	6,17
Mali	6,01
Niger	5,07
Sénégal	6,07
Togo	5,94

3. Effets individuels.

Conclusion

L'objectif principal de ce mémoire est d'analyser l'impact des transferts de fonds sur la croissance économique et le développement des pays de l'UEMOA. Les résultats montrent que les transferts de fonds ont un impact significatif positif sur la croissance économique des pays de l'UEMOA. Nous avons trouvé qu'une augmentation de 10% des transferts de fonds induit une amélioration du niveau de croissance de 1.8%. Par ailleurs, nos résultats ont aussi montré que la part de travailleurs étrangers dans la population active impacte négativement le niveau de développement des pays de l'UEMOA ; un résultat quelque peu surprenant si l'on se réfère à la littérature. De même nous avons noté un impact négatif du taux d'ouverture commercial sur la croissance des pays.

En nous basant sur l'impact des transferts sur la croissance, que nous jugeons faible compte tenu de la masse de transferts en constante évolution dans les pays de l'UEMOA, nous suggérons que les transferts de fonds soient orientés vers des investissements productifs, c'est à dire qu'ils ne soient pas uniquement consacrés à la consommation. Cela pourra donc améliorer leur impact sur le niveau de croissance de ces pays. En effet il faut noter que les transferts de fonds auront beau augmenter chaque année, s'ils ne sont pas redirigés vers les secteurs de productivité, l'impact sur la croissance n'en serait que moindre comme l'ont montré nos résultats.

A travers les recherches ultérieures, nous pensons intégrer d'autres variables susceptibles d'améliorer l'effet des transferts de fonds sur la croissance économique comme les indicateurs de gouvernance, afin d'en améliorer l'effet sur le niveau de développement des pays de l'union. Nous sommes donc ouverts aux remarques, critiques et suggestions pouvant aider à améliorer la qualité de ce mémoire.

Références bibliographiques

ADAMS, R. et PAGE, J. (2005). Do international migration and remittances reduce poverty in developing countries ? *World Development*, Vol.33.

ADAMS, R. H. (2005). Remittances, household expenditure and investment in guatemala. *Policy Research Working Paper Series 3532.*

AFAWUBO, K. et COUCHORO, K. (2017). Do remittances enhance the economic growth effect of private health expenditures in west african economic and monetary union ? *Economic bulletin*, Vol.37 No.2.

AMADOU, S. (2005). *Transfert de fonds des migrants et développement en Afrique : une étude de cas sur le Sénégal.* Thèse de doctorat, EHESS.

AREZKI, R., GYLFASON, T. et AMADOU, S. (2012). *Beyond the curse : Policies to harness the power of natural ressources.*

AZAM, J.-P. et GUBERT, F. (2005). Those in kayes. the impact of remittances on their recipients in africa. *Revue économique*, Vol.56 No.6.

BARAJAS, A. et AL (2009). Do workers'remittances promote economic growth ? *IMF working Paper.*

BCEAO (2013). Synthèse des résultats des enquêtes sur les envois de fonds des travailleurs migrants dans les pays de l'uemoa.

BINFORD, L. (2003). Migrant remittances and (under) development in mexico. *Critique of Anthropology*, Vol.23.

BORJAS, G. (1999). Immigration and welfare magnets. *Journal of Labor Economics.*

BRINKERHOFF, J. (2006). Diasporas' challenge to traditional power : the case of tibetboard. *Review of international studies.*

BROWN, R. (1997). *Estimating Remittances Functions for Pacific Island Migrants*, volume Vol.25 No.4.

CATRINESCU, N. et AL (2009). Remittances, institutions and economic growth. *World Development.*

CHAMI, R. et AL (2003). Are immigrant remittances flows a source of capital for development ? *IMF working paper WP/03/189.*

CHRISTOPHE., G. et FRÉDÉRIC, S. (2003). Migration et développement. *Revue Européenne des Migrations Internationales.*

COMBÉFIS, S. (2010). *LaTeX-HowTo-full.*

DOUGLAS, M. (2009). Process of internal and international migration from chitwan, nepal. *International Migration Report.*

EBEKE, C. H. et LE GOFF, M. (2010). Impact des envois de fonds des migrants sur les inégalités de revenu dans le pays en développement. https ://halshs.archives-ouvertes.fr/halshs-00539732.

EHRENBERG, R. et SMITH, R. S. (1997). *Modern labor economics : theory and public policy.* 11th édition.

FAINI, R. (2002). Migrations et transferts de fonds. impact sur les pays d'origine. *Revue d'économie du développement*, Vol.15.

FAYISSA, B. et NSIAH, C. (2008). The impact of remittances on economic growth and development in africa. *Department of economics and finance working paper series.*

GBENOU, D. (2015). *Impacts macroéconomiques des transferts de fonds des migrants dans les pays de l'UEMOA.* Banque Centrale des Etats de l'Afrique de l'Ouest.

GIULIANO, P. et RUIZ-ARRANZ, M. (2005). Remittances, financial development, and growth. *IMF Working paper.*

GNIMASSOU, B. et ANYANWU, J. (2018). The diaspora and economic development in africa.

GREENE, W. (2012). *Econometric analysis.* 5th edition édition.

JOHN, H. et TODARO, M. (2005). Migration unemployment and development : A two-sector analysis. *The American Economic Review.*

JONES, M. et AL (1992). American immigration. *The university of Chicago Press.*

KAPUR, D. (2004). Remittances : the new development mantra ? United Nations conference on trade and development.

KAPUR, D. et MCHALE, J. (2003). Migration's new payoff. *Washington post.*

LEE (1966). A theory of migration, demography. *journal of Finance and Economics.*

LUCAS, R. (1988). *Journal of monetary economics.*

LUCAS, R. (2005). *International migration and economic development, lessons from low-income Countries.* https ://books.google.bj/books.

LUTZ, H. (2016). Growth rates and logarithms : A refresher.

MANKIW, G. (1995). *The growth of nations.*

MANKIW, G., ROMER, D. et WEIL, D. (1992). A contribution to the empirics of economic growth. *The Quarterly Journal of Economics*, Vol.107 No.2.

MANUEL, A. et BOND, S. (1991). Some tests for specification of panel data : Monte carlo evidence and an application to employment equations. *Revue of economic studies.*

MASSEY, D. et MARIA, A. (2005). Social capital and international migration from latin america. United Nations Secretariat.

MATHIAS, C. et DE HAAS, H. (2013). The effectiveness of immigration policies. *Population and Development review.*

MEKA'A, B. (2015). Transferts de fonds des migrants et dépenses des ménages : application au cas du cameroon. *Régions et développement.*

MESNARD, A. (2004). Temporary migration and self-employment : evidence from tunisia. *Brussel Economic Revue.*

PIORE, M. (1979). Birds of passage : migrants labor industrial society. *Cambridge university press.*

PIYASIRI, W. (2002). Asian labour migration : Issues and challenges in an era of globalization. *International Labour Organization.*

POIRINE, B. (1997). A theory of remittances as an implicit family loan arrangement. *World Development.*

RAVENSTEIN, E. (1976). The laws of migration. *Journal of the Statistical Society of London*, Vol.48 No.2.

RÙA, T. A. (2010). Migration, remittances and development in time of crisis.

SAMIR, A. (1975). Modern migrations in western africa. *Center for Migration Studies of New York, Inc.*

SENOU, B. (2017). Migration et croissance économique dans l'uemoa. *Revue Africaine des Migrations Internationales*, Vol 1.

SOLIMANO, A. (2003). Remittances by emigrants :issues and evidence. *World Institute for Development Economics Research, Discussion paper 2003/89.*

STAHL, C. W. et ARNOLD, F. (1986). Overseas workers' remittances in asian development. *International Migration Review.*

STARK, O. (1991). The migration of labor. *Cambridge, MA : Basil Blackwell.*

STARK, O. et BLOOM, D. (1984). The new economics of labor migration. *American Economic Review.*

STEPHEN, C. et MARK, M. (2009). The age of migration : international population movments in the modern world.

TALL, S. M. (2001). *Les investissements immobiliers à Dakar des émigrés sénégalais.* Thèse de doctorat, Université de Strasbourg.

WAHBA, J. (2015). Selection, selection, selection : the impact of return migration. *CREAM.*

WALMSLEY, T., WINTERS, A., AHMED, A. et PARSON, C. (2005). Measuring the impact of the movement of labour using a model of bilateral migration flows.

Annexes

Nous présentons ici les sorties de STATA obtenues à l'issue des différents tests effectués. Les résultats globaux sont présentés en annexe pour des raison de clarté du document.

```
             |  FBCFPIB  tfr_pib     migr      ouv
-------------+------------------------------------
     FBCFPIB |   1.0000
     tfr_pib |   0.3738   1.0000
        migr |  -0.2791  -0.1751   1.0000
         ouv |  -0.0705  -0.1692  -0.2354   1.0000
```

FIGURE 6 – Correlation entre les variables

```
 ( 1)  yhat2 = 0
 ( 2)  yhat3 = 0

       F(  2,   121) =    1.60
            Prob > F =    0.2058
```

FIGURE 7 – Test de Ramsey

```
    Variable |       VIF       1/VIF  
-------------+----------------------
     FBCFPIB |      1.24    0.808383
     tfr_pib |      1.21    0.826293
        migr |      1.19    0.842970
         ouv |      1.12    0.893621
-------------+----------------------
    Mean VIF |      1.19
```

FIGURE 8 – test de multicolinéarité

```
Breusch and Pagan Lagrangian multiplier test for random effects

        lnpib[Pays1,t] = Xb + u[Pays1] + e[Pays1,t]

        Estimated results:
                         |       Var     sd = sqrt(Var)
                ---------+-----------------------------
                   lnpib |   .2478524       .4978477
                       e |   .0124423        .111545
                       u |   .0478398        .218723

        Test:   Var(u) = 0
                             chibar2(01) =   186.81
                          Prob > chibar2 =   0.0000
```

FIGURE 9 – Test du multiplicateur de lagrange

```
Breusch-Pagan / Cook-Weisberg test for heteroskedasticity 
         Ho: Constant variance
         Variables: fitted values of lnpib

         chi2(1)      =     1.66
         Prob > chi2  =   0.1976
```

FIGURE 10 – Test d'hétéroscédasticité de Breusch-Pagan

	ehat_M1	ehat_~L1	ehat_M~2	ehat_M~3
ehat_M1	1.0000			
ehat_M1_L1	0.0231	1.0000		
ehat_M1_L2	-0.2708	-0.0194	1.0000	
ehat_M1_L3	0.2763	-0.3505	-0.0448	1.0000

FIGURE 11 – Test d'autocorrelation des Erreurs

```
Fixed-effects (within) regression               Number of obs      =       128
Group variable: Pays1                           Number of groups   =         8

R-sq:  within  = 0.8868                         Obs per group: min =        16
       between = 0.0450                                        avg =      16.0
       overall = 0.0362                                        max =        16

                                                F(4,7)             =     85.85
corr(u_i, Xb)  = -0.6875                        Prob > F           =    0.0000

                                 (Std. Err. adjusted for 8 clusters in Pays1)
------------------------------------------------------------------------------
             |               Robust
       lnpib |      Coef.   Std. Err.      t    P>|t|     [95% Conf. Interval]
-------------+----------------------------------------------------------------
     FBCFPIB |   .0155024   .0029642     5.23   0.001     .0084932    .0225116
     tfr_pib |   .1765706   .0871068     2.03   0.082    -.0294043    .3825455
        migr |  -5.143127   1.716141    -3.00   0.020    -9.201155   -1.085098
         ouv |  -.1059803   .0180143    -5.88   0.001    -.1485775   -.0633832
       _cons |   7.055706    .193296    36.50   0.000     6.598634    7.512779
-------------+----------------------------------------------------------------
     sigma_u |  .69940189
     sigma_e |  .11154496
         rho |  .97519508   (fraction of variance due to u_i)
------------------------------------------------------------------------------
```

FIGURE 12 – Modèle à effets fixes

```
Random-effects GLS regression                   Number of obs      =       128
Group variable: Pays1                           Number of groups   =         8

R-sq:  within  = 0.8729                         Obs per group: min =        16
       between = 0.0629                                        avg =      16.0
       overall = 0.2862                                        max =        16

                                                Wald chi2(4)       =    193.99
corr(u_i, X)   = 0 (assumed)                    Prob > chi2        =    0.0000

                                 (Std. Err. adjusted for 8 clusters in Pays1)
------------------------------------------------------------------------------
             |               Robust
       lnpib |      Coef.   Std. Err.      z    P>|z|     [95% Conf. Interval]
-------------+----------------------------------------------------------------
     FBCFPIB |   .0157194   .0039633     3.97   0.000     .0079516    .0234873
     tfr_pib |   .2289114   .0720677     3.18   0.001     .0876614    .3701614
        migr |  -2.170317   1.633232    -1.33   0.184    -5.371392    1.030759
         ouv |  -.1148265   .0212582    -5.40   0.000    -.1564918   -.0731612
       _cons |   6.812414   .1433534    47.52   0.000     6.531446    7.093381
-------------+----------------------------------------------------------------
     sigma_u |  .21872301
     sigma_e |  .11154496
         rho |  .79359889   (fraction of variance due to u_i)
------------------------------------------------------------------------------
```

FIGURE 13 – Modèle à effet aléatoire

```
                 ---- Coefficients ----
             |      (b)          (B)            (b-B)     sqrt(diag(V_b-V_B))
             |      fe           re          Difference          S.E.
-------------+----------------------------------------------------------------
     FBCFPIB |    .0155024     .0157194        -.000217               .
     tfr_pib |    .1765706     .2289114       -.0523408               .
        migr |   -5.143127    -2.170317        -2.97281        .3535907
         ouv |   -.1059803    -.1148265        .0088462               .
------------------------------------------------------------------------------
                           b = consistent under Ho and Ha; obtained from xtreg
            B = inconsistent under Ha, efficient under Ho; obtained from xtreg

    Test:  Ho:  difference in coefficients not systematic

                  chi2(4) = (b-B)'[(V_b-V_B)^(-1)](b-B)
                          =       67.31
                Prob>chi2 =      0.0000
                (V_b-V_B is not positive definite)
```

FIGURE 14 – Test de Hausman